科学を伝え、社会とつなぐ
サイエンスコミュニケーションのはじめかた

独立行政法人
国立科学博物館 編

丸善出版

刊行にあたって

　国立科学博物館は，我が国を代表する博物館の一つで，2017年に開館140周年を迎えました．国内3カ所の拠点をもち，近年では，年間200万人を超える来館園者を迎えています．当館では，調査研究や標本資料の収集・保管，成果を活かした展示活動はもちろんのこと，来館園者に向けた学習支援活動もその特徴の一つといえます．学習支援活動といっても対象や目的・手法は多岐に渡り，大学院生を対象にした人材養成事業も行っています．

　2006年から当館でスタートした『国立科学博物館サイエンスコミュニケータ養成実践講座』もそうした事業の一つです．
　この講座は，人と自然が共存する持続可能な社会を育むために，誰もが科学について主体的に考えて行動できるきっかけを提供し，人と人あるいは科学と社会をつなげるサイエンスコミュニケータを養成することを目的としています．
　講座では，「深める・伝える・つなぐ・活かす」という四つの要素を受講者が講義や発表を通じて体得し，講座修了後にそれぞれのフィールドで実践を続けていくことを主眼においています．この講座は大きく二つに分けることができ，「サイエンスコミュニケーション1（SC1）」という受講者自身の研究を「伝える」ことに特化した講座と，「サイエンスコミュニケーション2（SC2）」という一般の来館者と科学研究を「つなぐ」ことに重点をおいた講座があります．そして，このSC1・SC2の双方を修了すると，「国立科学博物館認定サイエンスコミュニケータ」として認定されます．
　2016年度までの11年間の事業実施を通じて，SC1を修了した方は256名，

このうちSC2も修了した「国立科学博物館認定サイエンスコミュニケータ」は119名にのぼります．本講座を修了した方がたは現在，研究機関や行政機関，メディアや教育機関といった社会のいたるところで活躍をされています．

本書は，この『国立科学博物館サイエンスコミュニケータ養成実践講座』で得られたノウハウをもとにまとめられています．まず第Ⅰ部で，全国各地で行われているサイエンスコミュニケーションに関する事例を紹介しています．また，第Ⅱ部では，実際に講座で行われている講義や演習の内容をまとめています．本書の執筆者はサイエンスコミュニケーションの世界の第一線で活躍をしている方ばかりです．第Ⅰ部・第Ⅱ部を通じて，サイエンスコミュニケーションのエッセンスを汲み取っていただき，この書籍を手にとった皆様からサイエンスコミュニケーション活動がさらに広がってほしいと願っております．

2017年8月

独立行政法人国立科学博物館長
林　良博

は じ め に

本書の目的

　日本におけるサイエンスコミュニケーションが本格化してから，10年以上経ちました．本書は，国立科学博物館が2006年に開始した『国立科学博物館サイエンスコミュニケータ養成実践講座』（以下，講座と表記）が展開してきたサイエンスコミュニケーションの事例とカリキュラムを紹介したテキストです．本書の目的は，① 社会における多様なサイエンスコミュニケーションを理解すること，② サイエンスコミュニケーションを展開するための基本的な考え方と方法を理解することです．また加えて，本書を活用しサイエンスコミュニケータ養成のためのノウハウを知ることも目的としています．

　サイエンスコミュニケーションはサイエンスとコミュニケーションの組合せです．サイエンスは物理学，生物学，数学などの自然科学だけではなく，人文科学や技術などを含み，科学的な考え方や手法により世界を理解したり，社会に変革をもたらしたりする営為を示します．コミュニケーションは，対話を意味しますが，人間どうしの対話だけでなく，集団どうしの交流や連携などの幅広い意味もあります．

　サイエンスコミュニケーションは，おおむね「科学と一般の人びとをつなぎ，科学が文化として社会に定着していく過程」と定義できますが，このほかにもさまざまな定義が存在します．サイエンスコミュニケーションは展開される文化によって異なり，その文化を支える社会や集団において優先順位の異なる目的と方法が選択されます．

　本書に寄稿していただいた方は，サイエンスコミュニケータ，研究者，博物館職員，大学教員，ジャーナリスト，広報担当者など多岐に渡り，本書にはサ

イエンスコミュニケーションの多様な事例が掲載されています．現代社会においては，学術研究，公共政策，科学技術政策，科学教育，倫理，リスク，気候変動，福祉，公衆衛生，観光，日常生活などのさまざまな領域で対話と意思決定が必要になっています．その科学的情報を授受する媒体と機会も，テレビ，新聞などのマスメディア，政策決定における公聴会，学術や教育のための講演会，学校の授業，博物館の展示，ウェブサイトやSNSなどと多様です．サイエンスコミュニケーションは，さまざまな領域で展開され，多様な方法で情報が伝達されます．本書では博物館という環境で展開されるサイエンスコミュニケーションを比較的多く紹介していますが，ここでも多様な人びとがさまざまな動機をもって来館することから，行われているサイエンスコミュニケーションは複雑です．

　サイエンスコミュニケーションは汎用性のある原理を追求する科学に基軸をおきながらも，展開される文脈（who, whom, what, when, where, why, how, how much：主体と対象，内容，タイミング，場所，目的，方法，経費）に依存し，多様です．本書を通じて，多様性に満ちたサイエンスコミュニケーションの事例を知るとともに，さまざまな事例に共通する基本的な考え方と理論を理解することも重要です．

本書の構成

　第Ⅰ部「サイエンスコミュニケーションの広がり」と第Ⅱ部「はじめようサイエンスコミュニケーション！」からなります．第Ⅰ部は多様なサイエンスコミュニケーションに焦点を当てて，三つの観点から事例を紹介します．私たちは成長の過程で科学と出会い，学校で学び，職業選択のさいに改めて見つめ直し，社会のなかで科学と関わります．誰もが成長過程で科学に巡り会い，その特質を認識し，科学との関係性をもつこととなります．人と科学との関係性からサイエンスコミュニケーションは以下のように整理できます．すなわち，初期の科学との出会いの段階から文化として科学を楽しむ「個人で楽しむサイエンスコミュニケーション」，教育や研究のなかで科学を専門として選び，専門家として関わる「科学を促進するサイエンスコミュニケーション」，地域や社会において科学と関係を維持していく「社会のなかで機能するサイエンスコ

ミュニケーション」です．第Ⅰ部では上記それぞれに対応する，個人で楽しむサイエンスコミュニケーション，研究機関や企業のサイエンスコミュニケーション，地域や社会におけるサイエンスコミュニケーションの事例を紹介します．

　第Ⅱ部には，サイエンスコミュニケーションをはじめるにあたり，講座のなかで参考になる講義と演習の内容が掲載されています．これらは，サイエンスコミュニケータとなる能力を身につけるために参考になる内容です．サイエンスコミュニケータは，サイエンスコミュニケーションを担い促進する人材です．サイエンスコミュニケータの役割を概観すれば，「科学の専門家と一般の人びととをつなぐ」「科学と社会をつなぐ」ことといえるでしょう．サイエンスコミュニケーションを展開するには，科学に関する専門性のほかに，コミュニケーション能力，コミュニケーション環境を整えるコーディネート能力，さらには自分のもっている資質能力を社会で活かす能力が必要です．第Ⅱ部では，サイエンスコミュニケータに必要とされる資質能力を養うための内容を紹介します．

　また本書では，多様なサイエンスコミュニケーションの事例のほか，コラムにて実践的なワークショップや博物館職員研修の方法などを紹介しています．事例から学ぶことが多く，どの章から読みはじめても理解できるようになっています．

本書の使い方

　本書は，「サイエンスコミュニケーションとは？」「どのようにサイエンスコミュニケーションを実践すればよい？」といった疑問や興味をもっている大学生や大学院生に手にとってもらう入門書です．またサイエンスコミュニケーションを実践している博物館職員，企業，NPOのスタッフ，サイエンスコミュニケーションの研究を志向している研究者や教育者が本書を活用して議論することもできます．さらに大学，博物館，研究機関，メディア，企業，NPO，地域などにおいてサイエンスコミュニケーションのテキストとして活用できます．たとえば，大学において本書の内容の一部を抽出し，学生，教員を対象にサイエンスコミュニケータ養成講座を企画し，展開することができます．本書の事例や考え方を応用して，地域の博物館において職員やボランティアがサイ

はじめに

エンスコミュニケーションの基本的な考え方を学び，博物館の教育活動のねらいや対象を比較，点検する研修会を実施することも可能です．

本書で紹介されている考え方と事例を読み解き，実践と学術的な相互批判を行うことで日本のサイエンスコミュニケーションの発展の一助となれば幸いです．

2017年8月

執筆者を代表して　小川義和

目　　次

序章　サイエンスコミュニケーションのはじまり　*1*
　1　サイエンスコミュニケーションとは　*1*
　2　科学の普及啓発活動　*2*
　3　サイエンスコミュニケーションへの転換　*3*
　4　今後への期待　*7*

第Ⅰ部　サイエンスコミュニケーションの広がり

1　私たちの身の回りにあるサイエンスコミュニケーション　*10*
　1.1　科学を楽しむコミュニケーション活動：
　　　「親と子のたんけんひろば コンパス」　*10*
　　　1.1.1　「親と子のたんけんひろば コンパス」とは　*11*
　　　1.1.2　未就学児世代の学びにつながる展示の工夫　*11*
　　　1.1.3　コンパスは「来館者の未来に向けられた，指針づくりの場所」　*12*
　1.2　なかまと科学を楽しむために：
　　　「みんなで作る日本産蛾類図鑑」とその活動　*14*
　　　1.2.1　はじめに　*14*
　　　1.2.2　「みんなで作る日本産蛾類図鑑」とは　*15*
　　　1.2.3　「みんな蛾」誕生の背景とその設計　*16*
　　　1.2.4　「みんな蛾」から広がる交流の輪と活動　*17*
　　　1.2.5　「みんな蛾」とネット上のサイエンスコミュニケーション　*20*
　【コラム】学生によるサイエンスコミュニケーション　*23*

2 研究機関や企業のサイエンスコミュニケーション　24

2.1 研究機関広報の仕事　24
- 2.1.1 科学の現場を伝える仕事　24
- 2.1.2 広報とアウトリーチ　25
- 2.1.3 NASA の広報戦略　27
- 2.1.4 機関広報 *vs.* 科学記者　29
- 2.1.5 国立天文台のアウトリーチ活動の実際　31

2.2 企業におけるサイエンスコミュニケーション　32
- 2.2.1 技術広報という仕事　32
- 2.2.2 企業に勤める研究者のサイエンスコミュニケーション　35

3 地域や社会でのサイエンスコミュニケーション　40

3.1 地域のなかの博物館　40
- 3.1.1 はじめに　40
- 3.1.2 自然史系博物館の活動――伊丹市昆虫館を例に　41
- 3.1.3 おわりに――地域の一員として活動する博物館　49

3.2 ジャーナリズムとサイエンスコミュニケーション　50
- 3.2.1 ジャーナリズムとは何か　50
- 3.2.2 ジャーナリズムの歴史　52
- 3.2.3 日本の新聞における科学報道　54
- 3.2.4 サイエンスコミュニケーションから見た科学記事　55

【コラム】多様なサイエンスコミュニケーションを生む「科学のお祭り」　62

第Ⅱ部　はじめよう サイエンスコミュニケーション！

4 国立科学博物館の考えるサイエンスコミュニケータ　64

4.1 サイエンスコミュニケータに求められる資質能力　64
4.2 サイエンスコミュニケーションを実践するうえでの基本的な考え方　67

5 科学を「深める」　70

5.1 自然科学を学ぶ学生に身につけてほしいこと　70

　　　　5.1.1　科学と自分を深める　　70
　　　　5.1.2　仮説やモデルを発表する　　76
　　　　5.1.3　おわりに　　78
　　5.2　恐竜とともに深め，成長する科学　　78
　　　　5.2.1　私が恐竜の研究者になるまで　　79
　　　　5.2.2　研究活動とサイエンスコミュニケーション活動のあいだで　　82
　　　　5.2.3　これからの学問の形，「恐竜学」？　　89

6　科学を「伝える」　　92
　　6.1　専門的な知識の伝え方　　92
　　　　6.1.1　サイエンスに「コミュニケーション」活動が必要な理由　　92
　　　　6.1.2　サイエンスコミュニケータは腕のよい料理人　　94
　　　　6.1.3　どうやって伝えるか──伝えるノウハウ　　95
　　　　6.1.4　コミュニケーションは，サイエンス外にも使えるテクニック　　100
　　6.2　映像で伝える　　102
　　　　6.2.1　はじめに──テレビは「オワコン」か？　　102
　　　　6.2.2　おいしい「テレビ番組」の作り方　　102
　　　　6.2.3　「論より証拠」の映像メディア　　105
　　　　6.2.4　「伝える」を「伝わる」に変える魔法の調味料　　107
　　　　6.2.5　その先を知りたくなる「映像の話法」とは　　109
　　　　6.2.6　本当に伝えたいのは「情報」ではない　　111
　　6.3　文章で伝える　　113
　　　　6.3.1　なぜサイエンスライティングなのか　　113
　　　　6.3.2　サイエンスライティングの効用　　116
　　　　6.3.3　サイエンスライティングのスキル　　119
　　　　6.3.4　物語を紡ぐ　　121

7　科学と社会を「つなぐ」　　126
　　7.1　企画・運営する：外部資金導入スキルとマネジメント　　126
　　　　7.1.1　はじめに　　126
　　　　7.1.2　助成事業に申請する企画書を書く前に　　127
　　　　7.1.3　サイエンスコミュニケーション活動の計画（企画書を作る）　　131
　　　　7.1.4　企画段階での「評価」計画　　134
　　　　7.1.5　申請書の提出　　137
　　7.2　議論をうながす　　137
　　　　7.2.1　参加型の場を作る　　137
　　　　7.2.2　ワークショップの必須要素と効果　　138

7.2.3 すぐに使えるファシリテーションの技法　*139*
7.2.4 もっと話しあいを深めるファシリテーションの技法　*144*
7.2.5 よりよい場のために　*147*
【コラム】科学者と参加者との対話をうながす　*148*
7.3 継続的なサイエンスコミュニケーション活動を行うには　*150*
7.3.1 継続的サイエンスコミュニケーション活動の意義　*150*
7.3.2 継続的活動とコミュニティビジネス　*152*
7.3.3 継続的マネジメントの4要素　*156*
7.3.4 サイエンスコミュニケーション活動の事業化とプラン作り　*160*
【コラム】サイエンスコミュニケーション活動を見直す　*162*
【コラム】サイエンスコミュニケーションの今後の方向性　*164*

終章　知の循環型社会に向けて　*165*
1 サイエンスコミュニケーションは何のために　*165*
2 つながる知を創造するサイエンスコミュニケーション　*166*
3 知の循環型社会におけるサイエンスコミュニケーション　*167*

参 考 図 書　*171*
編著者・執筆者紹介　*173*
索　引　*175*

序章 サイエンスコミュニケーションのはじまり

1　サイエンスコミュニケーションとは

　サイエンスコミュニケーションに関してはさまざまな定義が可能です．現に「サイエンスコミュニケーションの定義」をめぐる研究論文まで存在するほどなのです[1]．

　まず確認しておきたいことは，「サイエンスコミュニケーションとは，難しくて敬遠されがちな科学の情報や話題をわかりやすく説明することである」という理解はきわめて一面的だということです．あるいは，「科学の専門家と非専門家との対話促進がサイエンスコミュニケーションである」という見方もありますが，サイエンスコミュニケーションの対象は科学技術の専門家，非専門家を問いません．たとえ科学の専門家といえども，すべての分野に通じているわけではありません．科学の研究領域が細分化され，「たくさんの科学」が登場している現代においては，一つの分野の専門家は他分野においては非専門家なのです．

　広い意味でのサイエンスコミュニケーションとは，個々人ひいては社会全体が，科学を活用することで豊かな生活を送るための知恵，関心，意欲，意見，理解，楽しみを身につけ，サイエンスリテラシーを高めあうことに寄与するコミュニケーションです．そのためには，科学に関する情報を広く共有する必要があります．そこには行政・政策の透明化，開かれた討議による民主的な科学技術政策の展開も含まれています．ここでいうサイエンスリテラシーとは，「『知識』および『方法』としての『科学』を読み解き使いこなす力と理解されるべき」であり，「その意味で，科学を『知恵』として活用する素養が求められる」[2]ことになります．あるいは，「科学に支えられた現代社会で賢く生きるうえで必要な，科学に関する最少限の知恵，作法」と言い換えることもできるかもしれません．しかし，サイエンスリテラシーのレベルは一様ではありません．逆

に，一様であるはずもありません．その意味で，社会のなかのあらゆる層・個人間のサイエンスリテラシーの溝を埋め，誤解や勘違いを修正するための活動がサイエンスコミュニケーションであるという言い方もできるでしょう．

ただし，コミュニケーションの大切さはなにも科学に限ったことではありません．なのになぜ，科学だけを取り上げて，サイエンスのコミュニケーションという言い方，理念，活動が出現したのでしょう．まずはサイエンスコミュニケーション登場以前から振り返ってみましょう．

2 科学の普及啓発活動

戦後の経済発展を支えたのは科学技術でした．国としても理系，それもとくに工学系の人材育成を中心とした教育普及に力を入れてきました．1954年には，4月18日が「発明の日」に制定され，1960年にはこの「発明の日」を含む1週間が「科学技術週間」に制定され，科学技術の普及啓発活動が全国の科学技術関連施設で展開されるようになりました．

ちなみにアメリカでは，1957年にスプートニクショックと呼ばれる大きな出来事がありました．世界初の人工衛星打ち上げでソ連のスプートニクに先を越されたアメリカは，科学技術研究費の増額と，初等中等教育における科学・数学教育のてこ入れを行うことになったのです．ただし日本のように全国をあげて集中的に啓発活動を行う「科学技術週間」のような取り組みには至っていませんでした．アメリカ国立科学財団（NSF）が全国科学技術週間（NSTW）というプログラムを開始したのは1985年のことでした[3]．また，イギリスが英国科学週間を開始したのは1994年のことです[4]．日本の「科学技術週間」の制定は，世界に先駆けるものだったといえるでしょう．

ただし，日本におけるそうした活動・施策は，70年代までは「科学技術の夢」をうたい，80年代は「啓発」を前面に押し出し，90年代は「科学離れ」対策に力を入れるものでした[5]．科学教育による理工系人材の育成と，科学技術行政に対する理解の醸成が主眼となっていたのです．ここでいう「理解」は，政府の科学技術行政，とくに原子力行政を「納得して受け入れる」ための「理解増進活動」という色合いの濃いものでした．

科学の普及と研究を目的としてロンドンで1799年に設立された非営利団体ロイヤル・インスティテューション（王立研究所）は，設立当初から，運営費

の捻出もかねて一般向けの講演会（公開実験）を開催し，そのための講堂も併設していました．マイケル・ファラデーの発案により，そのような講演会を定期開催にしたのが，1825年から開始された金曜講話です．翌26年からは，子どもたちを対象にしたクリスマス・レクチャーもはじまりました．1831年には，科学者コミュニティの発案で英国科学振興協会が創設され，年に一度の年次総会には科学に関心をもつ市民も交えた集会が開かれていました．

そのような先駆的な歴史をもつイギリスでしたが，大衆レベルの科学への関心度は高まりませんでした．そこで1980年代後半から，科学者に一般市民向けのアウトリーチを積極的にうながす理解増進活動の促進がうたわれました[*1]．

しかしそれにもかかわらず90年代に入っても，公衆の科学に対する関心度にめざましい向上は見られませんでした．前述したように，1994年からは毎年3月半ばの1週間を英国科学週間に指定し，科学の面白さをアピールする行事を全国で展開することになりました．

ところがイギリスにおける科学理解増進活動は，1996年に起こった衝撃的な事件を境に一大転換が迫られることになりました．しかもその事件は，皮肉なことに英国科学週間の最中に起こってしまいました[6]．それまでイギリス政府が，人への感染はないと公言していたウシの奇病BSE（狂牛病）の人での感染が初めて確認されたという衝撃的な発表をせざるを得なくなったのです．

この出来事により，イギリス国民の科学技術行政に対する不信感が一挙に高まりました．イギリス政府が設けた特別調査委員会は3年あまりをかけてBSEをめぐる政府の対応を精査し，科学技術行政の透明化，民意の反映などを心がけねばならないとの提言をしました．

3　サイエンスコミュニケーションへの転換

イギリスでは，BSE問題を踏まえ，2000年，上院科学技術特別委員会が「科学と社会」[7]，科学技術庁とウェルカムトラスト財団が「科学と公衆」[8]と題した報告書を相次いで公表しました．イギリスの科学技術行政は，実質的にこの

[*1] それを積極的に促すきっかけとなったのが，ロイヤル・ソサエティが1985年に公表した「ボドマー・レポート」でした．その主旨は，研究者も動員して科学の楽しさを市民に伝えれば，科学に対する市民の関心度が高まり，研究活動に対する支援も増えるだろうというものでした．

報告書により，研究者と公衆との双方向的なコミュニケーションの推進を軸としたサイエンスコミュニケーションへと政策の舵を切ることになりました．

日本では，2001年に科学技術社会論（STS）学会が設立されました．それ以前からSTS研究者は，それまで海外におけるサイエンスコミュニケーションの動きをいち早く日本に紹介し，遺伝子治療などに関するコンセンサス会議の試行を行っていました．コンセンサス会議とは，社会的に大きな影響を及ぼすサイエンスの事案に関して，専門家と市民パネルからなるテクノロジーアセスメント委員会を設け，その討議を公表するものです．

しかしそのような学会の動きは，60年代以降，科学の理解増進活動を支えてきた科学教育関係者，科学館関係者，ボランティアのあいだに浸透することはありませんでした[*2]．そうした状況に変化の兆しが訪れたのは2003年以降のことでした．同年6月に国立科学博物館スタッフを中心とした有志により，『サイエンス・コミュニケーション』という書名を冠した本が翻訳され，自費出版されました[4]．この翻訳出版は，サイエンスコミュニケーションという呼称が科学教育，科学系博物館関係者のあいだで認知されはじめるきっかけとなったのです．

科学技術行政にサイエンスコミュニケーションという概念を事実上初めて導入したのは，2004年6月に公表された「平成16年版科学技術白書—これからの科学技術と社会—」においてでした．そこでは，科学技術コミュニケーションという呼称でサイエンスコミュニケーション関連の記述に多くのページが割かれていました[*3]．

これ以降の動きは，ある種，雪崩現象の様相を呈しました．2005年には科学技術振興調整費（新興分野人材養成）「科学技術コミュニケーター」の募集が行われ，東京大学，北海道大学，早稲田大学の提案が採択されました．これは5年間の期限つき補助金で，大学院修士課程相当のコミュニケーター養成コースを試行的に実施するというものでした．

[*2] 2002年に出版された『科学論の現在』（金森 修，中島秀人 編，勁草書房）は先駆的な教科書的集成だったが，残念ながら実践の現場には浸透しなかった．

[*3] その前年11月に科学技術政策研究所が公表した報告書「科学技術理解増進と科学コミュニケーションの活性化について」がその布石となっていました．同報告書では，欧米におけるサイエンスコミュニケーションの潮流が紹介されると同時に，サイエンスコミュニケータの存在とその人材育成の必要性が提言されていました．

3 サイエンスコミュニケーションへの転換

2006年4月からスタートした第3期科学技術基本計画には，次のような文言が盛り込まれました．

> 科学技術を一般国民に分かりやすく伝え，あるいは社会の問題意識を研究者・技術者の側にフィードバックするなど，研究者・技術者と社会との間のコミュニケーションを促進する役割を担う人材の養成や活躍を，地域レベルを含め推進する．具体的には，科学技術コミュニケーターを養成し，研究者のアウトリーチ活動の推進，科学館における展示企画者や解説者等の活躍の推進，国や公的研究機関の研究費や研究開発プロジェクトにおける科学技術コミュニケーション活動のための支出の確保等により，職業としても活躍できる場を創出・拡大する．

国の科学技術政策の基本文書にサイエンスコミュニケーションを指す文言が入ったことは画期的でしたが，その解釈は「わかりやすく伝える」「研究者のアウトリーチ」，そして科学館などにおける科学教育にほぼ限定されていたともいえます．

同年夏から国立科学博物館において開始されたのが，『サイエンスコミュニケータ養成実践講座』です．また，同年5月には，韓国のソウルで第9回PCST国際大会が開催され，それにあわせて東京でPCST-9協賛シンポジウム「科学を語り合う」（科学技術政策研究所主催）が開催されました[*4]．

こうした動きもあり，同年11月には，科学技術振興機構（JST）主催で東京台場地区にある国際研究大学村において第1回サイエンスアゴラが開催されました．そして2009年には，サイエンスアゴラから波及した新しいタイプのサイエンスフェスティバルとして，はこだて国際科学祭と東京国際科学フェスティバルがスタートしました[*5]．以上のような変遷をまとめたのが図1です．

サイエンスコミュニケーションの実践としては表1にまとめたようなものが

[*4] PCSTとはPublic Communication of Science and Technologyの略で，世界中のサイエンスコミュニケーション関係者が個人の資格で参加している国際的ネットワークです．1年おきに国際大会を開催しており，第9回大会は初めてアジアで開かれました．それまでPCST国際大会への日本からの参加者は10人以下でしたが，ソウル大会にはそれをはるかに上回る参加者がありました．

[*5] 新しいタイプのサイエンスフェスティバルについては文献[2]を参照．

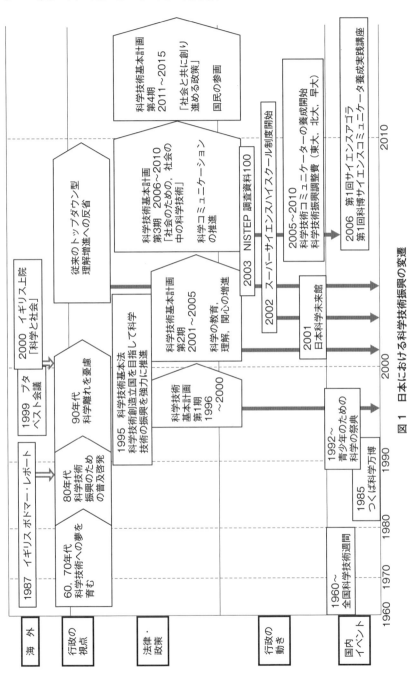

図1 日本における科学技術振興の変遷

[渡辺政隆, Journal of JASC, 1 (1), 6-11 (2012) をもとに改変]

表1 さまざまなサイエンスコミュニケーション

種　別	内　容
トークイベント	講演会，討論会，ワークショップ，サイエンスカフェ，読み聞かせほか
学　習	学校の授業，生涯学習，カルチャーセンター，ワークショップ式講習会ほか
展示・ショー	科学館展示（解説），プラネタリウム，サイエンスショー，科学フェスティバル，サイエンスアート，サイエンスキャバレーほか
放送・報道メディア	科学ニュース・解説，科学番組の制作・放映ほか
出版メディア	科学雑誌，科学書ほか
体　験	実験教室，工作教室，ワークショップ，科学ボランティアほか
参　画	コンセンサス会議，テクノロジーアセスメント，リスクコミュニケーション，サイエンスショップ，シチズンサイエンスほか
行　政	パブリックコメント，広報活動ほか
企業活動	リスクコミュニケーション，社会貢献ほか

ありますが，そのなかでもサイエンスカフェの急速な普及をあげるべきでしょう．サイエンスカフェの普及を加速したきっかけの一つは，2005年の全国科学技術週間期間中に日本学術会議の呼びかけで全国20カ所でサイエンスカフェが開催されたことでした．JSTが運営するウェブサイト「サイエンスポータル」に登録されたサイエンスカフェ開催数の変遷を見ると，2009年度以降，全国で年1,000回あまりのサイエンスカフェが開催されてきたことがわかります．サイエンスカフェの開催形態は一様ではありませんが，各主催者がそれぞれ工夫を凝らし，日本型の形式が定着しつつあるといえます．

4　今後への期待

これまで日本は，科学にしてもサイエンスコミュニケーションにしても，欧米からその概念や精神を輸入するかたちで取り入れてきました．しかし，科学をめぐる昨今の状況は，前例のない対応を迫ります．

2011年3月11日に日本を襲った東日本大震災以降，さまざまな意味でいまだに大きな余震が続いています．大震災による津波とそれに続く原子力発電所

事故の大混乱の渦中にあって，必要な情報が必要な人に届かないという状況が続きました．政府は，人びとの不安を煽るという理由で，一部の情報の開示に待ったをかけました．その結果，欧米の在日大使館が日本に滞在する同国人向けに出した情報のほうが詳細だという皮肉な結果を招きました．日本政府，行政当局は，透明性，双方向のコミュニケーションという，真の意味でのサイエンスコミュニケーションの必要性を理解していなかったことになります．日本の科学者，専門家の対応の仕方にも不満や批判があがりました．

これは，それまでのサイエンスコミュニケーション導入にあたっては，全体の理念のうちの一面のみ，すなわち「科学の楽しさを伝える」「難しい科学をわかりやすく伝える」という側面のみが強調されたことの功罪ともいえます．

私たちは，こうした状況を独自の創意で打開していくほかありません．私たちは，新しい歴史を切り開こうとしているのです．輸入物の学問ではない，実践としてのサイエンスコミュニケーションを具現化するという歴史を．

（渡辺政隆）

○ 引用文献 ○

1) T.W. Burns, D.J. O'Connor, S.M. Stocklmayer, "Science Communication: A Contemporary Definition", *Public Understand. Sci.*, **12**, 183-202（2003）．
2) 美馬のゆり，渡辺政隆，"科学リテラシー共有の場の創出——教室から街へ"，科学教育研究，**32**(4)，312-320（2008）．
3) https://www.nsf.gov/od/lpa/nstw/
4) S.M. Stocklmayer, M.M. Gore, C. Bryant, eds., "Science Communication in Theory and Practice", Kluwer Academic Publishers（2001）；佐々木勝浩ほか 訳，『サイエンス・コミュニケーション——科学を伝える人の理論と実践』，丸善プラネット（2003）．
5) 渡辺政隆，"科学技術理解増進からサイエンスコミュニケーションへの流れ"，科学技術社会論研究，**5**，10-21（2008）．
6) J. Turney, "Understanding and Engagement: the Changing face of Science and Sosiety", *Wellcome News*, **32**, Q3, 6-7（2002）．
7) "Science and Technology - Third Report", The House of Lords（2000）．
8) Office of Science and Technology and The Wellcome Trust, "Science and the Public: A Review of Science Communication and Public Attitudes to Science in Britain", The Wellcome Trust（2000）．

サイエンスコミュニケーションの広がり

第1章 私たちの身の回りにあるサイエンスコミュニケーション

「サイエンスコミュニケーション」というと，仰々しいもののように聞こえるかもしれませんが，実は私たちのすぐ近くのいたるところで，さまざまなサイエンスコミュニケーションが行われています．

その例として，本章の1.1節では親子向けのサイエンスコミュニケーションを，1.2節ではある生き物が好きな方々がウェブを通じて観察や情報共有を楽しみ，多くの人びとに広がっていった活動の事例を紹介します．

1.1　科学を楽しむコミュニケーション活動：「親と子のたんけんひろば コンパス」

「ねえねえ，見てみて！　こっちに大きいのがいるよ！　顔が見えないくらい背が高い！」
「これはラクダかな？　上の窓からのぞけそうだよ！」
「あ，ホッキョクグマの赤ちゃんがいたよ！」

子どもたちの笑い声に溢れた空間．朝から夕方まで数多くの親子連れで賑わうこの場所，どこだと思いますか？

実は博物館の展示室なのです．博物館と聞くと照明などが「暗く」，館内は「静かに」しなければならないといった印象や，とくに子どもたちにとっては「怖い」というイメージを抱く方もいらっしゃるのですが，ここはむしろ「明るく，にぎやかで，楽しい」空間といえるかもしれません．

では，どうして博物館にこのような展示室ができたのでしょうか？

1.1 科学を楽しむコミュニケーション活動：「親と子のたんけんひろば コンパス」　　11

図 1.1　コンパスの概観

1.1.1　「親と子のたんけんひろば コンパス」とは

　冒頭に紹介した展示室は，国立科学博物館に 2015 年 7 月にできた「親と子のたんけんひろば コンパス」（コンパス）です（図 1.1）．コンパスは，おもに 4 〜 6 歳の未就学児とその保護者を対象にした展示室です．展示室を作る前に行った来館者調査の結果，来館者数のおよそ 1 割が個人利用の未就学児でありながら，こうした利用者層を対象とした学習プログラムの数が少ないという課題が明らかとなりました．

　そこで，未就学児向けの来館者へのサービスの向上をはかるとともに，新たな未就学児向けの博物館利用モデルとしての全国の博物館への普及を目指して，このコンパスを開発しました．

1.1.2　未就学児世代の学びにつながる展示の工夫

　コンパスでは，「親子のコミュニケーション」を大切にしており，必ず子どもと保護者が一緒に入室をする決まりとなっています．東京都生涯学習審議会の報告書[1]では，子どもにとって保護者は「外界との媒介者」であり，子どもの発達をうながし，子どもの行動を調整することで，子どもが「一人前」に育つことにつながるとしています．また，この報告書では，コンパスのおもな対象である「幼児期後期」（3 〜 6 歳の年齢層）の子どもは，外界への興味関心がめざましく高くなる時期であるとされています．

　こうした時期に「外界との媒介者」である保護者が子どもとコミュニケーショ

ンをとりながら，子どもと科学の世界とのつながりを作っていって欲しいという考え方に基づいてコンパスは設計されました．親との対話を通じて，子どもたちが自然科学に親しみ，疑問をもって自らが探究をし，学びを深めていく．こういった理念のもとにコンパスは作られているのです．

　コンパスの展示室内には，はく製の下をくぐったり，さまざまな角度から観察したりすることができるスペース（図 1.2(a)）のほか，樹脂に封入した標本を観察するスペース（図 1.2(b)），自然科学に関する絵本や図鑑を閲覧するスペース（図 1.2(c)）などがあります．こうした空間のなかで展開されるコミュニケーション，たとえば，高さのあるところに配置した標本を見るために子どもを抱き上げる，はしごを登ることをサポートするというような触れあい（接触），ワークショップとして行う工作での親子の協力（協同），そして，コンパスの中で発見したことや疑問に思ったことを親子で伝えあう（共有）といったことがコンパスにおける「親子のコミュニケーション」です．そして親子共通の体験を家庭にもち帰り，博物館や自然科学を身近に感じ，考えるきっかけを作ることを目指しています．

　また，コンパス内には，工作やぬり絵といったワークショップを行うエリアがあり（図 1.2(d)），ここで行うプログラムでは「親子のコミュニケーション」が自然と生まれるような工夫を取り入れています．たとえば工作では，実物標本を素材として取り入れ，観察や表現などを行うさいに親子の接触・協同作業を取り入れるよう努めています．従来の博物館に多く取り入れられている，触って何かを動かしていくような「体験型展示」の要素に加え，「親子のコミュニケーション」につながる仕掛けを多数用意し，博物館体験の家庭での振り返りを促すコンパスを，当館では「対話促進型展示」（図 1.3）として位置づけています．

1.1.3　コンパスは「来館者の未来に向けられた，指針づくりの場所」

　さて，このコンパスのような博物館の展示も，サイエンスコミュニケーション活動の一つの形態です．「はじめに」でも触れたとおり，サイエンスコミュニケーション活動の目的は，以下の三つのものに整理することができます．

① 個人で楽しむサイエンスコミュニケーション
② 科学を促進するサイエンスコミュニケーション
③ 社会のなかで機能するサイエンスコミュニケーション

1.1 科学を楽しむコミュニケーション活動:「親と子のたんけんひろば コンパス」　　13

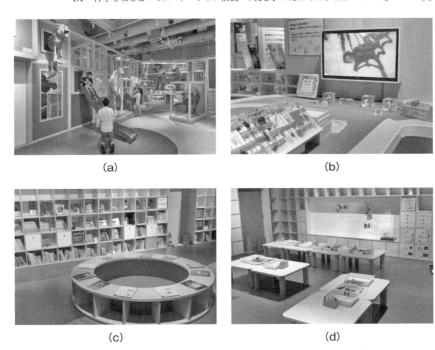

図 1.2　コンパスの展示室
（a）はく製がさまざまなところにある空間，（b）樹脂封入標本を観察するスペース，（c）絵本や図鑑を楽しむライブラリ，（d）ワークショップスペース．

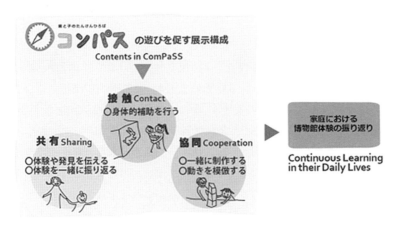

図 1.3　対話促進型展示におけるコミュニケーション

このなかで，コンパスは① 個人で楽しむサイエンスコミュニケーションだといえます．親子のコミュニケーションを通じて，科学を楽しいものと感じることや，自身の疑問を調べ，考えを伝えあうことで科学的な考え方に親しむこと．さらには，これを家庭にもち帰ることまでつながることで，未就学児が科学に出会う機会を提供し，科学をいろいろな方法で楽しんでいくための下地を作る場ともいえます．

しかし，このコンパスの目的はこの①だけにとどまらないと考えています．コンパスをはじめとする博物館の展示で科学に親しんだ経験をもつ方がたが，自身の成長にあわせて博物館や社会のいたるところで学びを深めてもらいたいというのが真の目的です．展示というかたちをしたサイエンスコミュニケーション活動であるコンパスは，外の世界に歩みを進める未就学児が科学に親しむ入口を提供し，そこから続く人生のなかで，彼ら彼女らが社会のいたるところで科学に親しみ，科学的に物事を捉え，適切な判断を下せるようになっていくための，利用者自身の未来を示す「指針」を培う場所でもあるのです．

（小川達也）

1.2 なかまと科学を楽しむために：「みんなで作る日本産蛾類図鑑」とその活動

1.2.1 はじめに

「蛾」というとみなさんどのような印象をもっているでしょうか．蛾は，むしろ嫌われものの部類に入るように思いますが，その一方で多種多様な姿や暮らし方にひかれる人もいるのです．「みんなで作る日本産蛾類図鑑」（http://www.jpmoth.org/）は，蛾が好きな人が集まるウェブサイトです．のべ訪問者数は現在までに200万人を超え，蛾に関するさまざまな取り組みやコラボレーションが生まれるきっかけにもなりました．では，どのようにこのサイトが蛾の楽しみ方を広げていったのでしょうか．私がこれまで運営に協力してきたこのサイトに焦点をあて，その活動を通じたネット上のサイエンスコミュニケーションについて紹介します．

1.2.2 「みんなで作る日本産蛾類図鑑」とは

「みんなで作る日本産蛾類図鑑」（通称「みんな蛾」，図 1.4）は，参加者に提供してもらった写真を使ってインターネット（以下では「ネット」とします）上に蛾の図鑑を構築することを目的としたウェブサイトで，2003 年に開設されました．作成したのは，ニワカガマニアさんというハンドルネーム（ネット上のあだ名）の個人の方です．当時すでに蛾の研究を進めていた私は，開設直後にこのサイトを見つけて衝撃を受け，すぐさま協力を申し出ました．現在は，ニワカガマニアさん，同じく初期からのメンバーだった蛾 LOVE さん，私の 3 名で管理を行っています．

「みんな蛾」は，大きく二つのパートに分かれます．一つ目は，「図鑑」にあたるパートです．ウェブサイトのトップページにアクセスすると，目次のような科の一覧表が目に入ってきます．それぞれの科の和名をクリックすると，今度は種の一覧表が見られます．各種の番号をクリックすると，登録されているその種の写真を，名前・大きさ・分布などの情報や各写真の撮影年月日と場所などと一緒に見られます．種名一覧のページには「成虫画像一覧」「幼虫など画像一覧」というリンクがあり，ここから，それぞれの科に含まれる種の写真の一覧表を見ることができます．名前がわからない場合は，写真の一覧表から目当てのものを探すこともできます．

二つ目は掲示板です．掲示板とは，画像やメッセージを投稿したり，それに返事をしたりできるシステムで，以前よりネット上のコミュニケーションの一手法として用いられています．「みんな蛾」には，誰でも投稿できる「蛾像掲

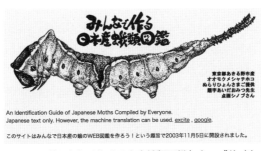

図 1.4 「みんなで作る日本産蛾類図鑑」ウェブサイト

示板」が用意されています．名前のとおり蛾の写真（「みんな蛾」では「蛾像」とよんでいます）を投稿する場所で，投稿された蛾の写真が「みんな蛾」の図鑑パートに登録されます．「蛾像掲示板」には，自分では名前がわからない蛾の写真も投稿できます．その写真を見て，ほかの参加者や管理人が，名前についてのアドバイスを返信します．やりとりの結果，最終的に名前が確定したら，管理人がその写真を図鑑パートへ登録します．ネット上のコミュニティのため，ハンドルネームによってやりとりされる場合がほとんどです．

　このように，「みんな蛾」は，図鑑パートと掲示板からなる，単純なシステムで構成されています．訪問者は，検索を使いつつ図鑑パートのページを見て自分の知りたい種のことを調べたり，掲示板に自分の撮った写真を投稿して名前をアドバイスしてもらったりして楽しむことができるのです．

1.2.3 「みんな蛾」誕生の背景とその設計

　「みんな蛾」において，コミュニケーションの舞台となるのはおもに掲示板です．蛾像掲示板には，これまでに計1,500人以上が蛾の写真を投稿し，さまざまな交流が生まれる場となっていきました．では，どういう背景があって，これだけの人が投稿する掲示板となったのでしょうか．

　まず，蛾の名前を知りたいというニーズが想像以上にあったことがあげられます．「みんな蛾」が開設された2003年頃，ネット上で見られる蛾の情報はごくわずかで，蛾の名前を調べるには，図書館などで専門的な図鑑を見るしかありませんでした．一方で，生き物を扱うネット上の掲示板には，蛾の写真や話が登場する機会も多く，潜在的なニーズを感じていました．「みんな蛾」はそういった人たちの心をつかんだといえるでしょう．

　次に，蛾に関するネット上の情報が断片的であったため，正確かつ網羅的な情報が望まれていたことがあげられます．図鑑を作るためには，日本にいる種の正確な種名リストが必要です．そこで，当時，私自身が個人的に作っていた日本産蛾類リストをニワカガマニアさんと二人でチェックし，誰でも自由に使える「List-MJ：日本産蛾類総目録」（http://listmj.mothprog.com/）として公開しました．そして，この目録をもとに，ニワカガマニアさんが「みんな蛾」を再構築したのです．写真のない種類についても，分布や図鑑の掲載情報などが追加され，すべての種についてなんらかの情報が載っている形になりました．

コンテンツの正確性と網羅性は重要な要素で，「ここに行けばわかるものはわかる」という期待をもって訪問してくれる人が増えたと思われます．

蛾という生き物の特性もいい方向に働いたと考えます．蛾のなかまは，人目につく機会が多く，誰でも存在は知っている身近な生き物の一つといえるでしょう．そのため，きっかけさえあれば興味をもつ人が少なからずいるという手応えを感じていました．一方で，灯りを見てまわれば止まっている蛾をゆっくりと撮影できます．場所も玄関や公園の明かりでもずいぶん楽しめますし，さまざまな新発見のチャンスが誰にでもあります．身近な生き物で撮影しやすい，飽きづらく新発見の可能性もあるといった点が，掲示板という特性にあっていると考えます．

一方で，蛾に特徴的な課題もあります．種類数が非常に多く，斑紋や形が多様なため，まずかなりの種の特徴を一つひとつ覚えないといけないのです．そのためには，自分の力で何度も何度も調べてトレーニングするしかありません．ウェブ図鑑はそのための場としても役立っていると考えます．探すまでのあいだに見た写真が少しずつ記憶に残り，最終的にはいろいろなグループを見分けられるようになるからです．効率よくいろいろな種類を覚えるには，ウェブ図鑑と教科書やガイドブックのような書籍をうまく組み合わせることも必要かもしれません．

コンテンツの次は「場」としての掲示板の設計です．掲示板というシステム自体は簡単なものですが，そこをどういう場にするのかは管理人のポリシーが重要になります．「みんな蛾」開設当時には，あちこちのウェブサイトに設置された生き物の掲示板を介したゆるやかなコミュニティが成立していました．そこで，自分自身の掲示板，あるいは私が出入りしている掲示板などで紹介をして，興味をもった人に来ていただくようにお願いしました．こういったネット上でのコミュニケーションに慣れている方がたは雰囲気作りに重要です．このように成立した初期のメンバーが，掲示板の性格を決めたともいえるでしょう．

1.2.4 「みんな蛾」から広がる交流の輪と活動

「みんな蛾」における交流は，これまでご紹介したように掲示板が中心的な役割を果たしています．このサイトを開設した当時は，名前を知りたいという投稿の多くに，私が一人で回答していました．返答のさいには，プラスアルファ

の情報をあわせて書くことを心がけていました．似ている種と区別するポイントのことが多いですが，「春の風物詩ですよ」「なかなか見られない種類ですね」など，その蛾についての豆知識を加えることもありました．また，調べてみたら面白いようなヒントを書いたり，慣れてきた人の場合には科などのおおまかなグループだけお伝えしてご自身で正解を探してもらったり，ステップアップを意図した回答もしていました．ただ名前を答えるだけではなく，プラスアルファの情報を伝えることで少しでも蛾のことや蛾を調べることに興味をもってもらえればという思いがありました．

掲示板が楽しむ場に

このように掲示板の管理をしていてしばらく経ったときに，状況が変わってきたことに気づきました．投稿していた人が，ほかの人の投稿に回答しはじめたのです．回答者のなかには，もともと蛾に詳しい人もいますし，「みんな蛾」の掲示板で蛾に興味をもって調べはじめた人もいました．「みんな蛾」をきっかけとして勉強しはじめた人が，掲示板で自分が教わったことを別の人に伝えはじめたのです．教えたり教わったりという作業は面白くやりがいがあるものです．そのため，回答するという過程を通じてさらによく調べてみようというモチベーションが強化されたのではと思います．結果として，蛾像掲示板は，名前を聞く場から，みんなで名前を調べつつ蛾を楽しむ場に変わっていきました．このようにして，「みんな蛾」の蛾像掲示板は，活発に投稿がされる場であると同時に，知識やスキルをステップアップする場としても機能するようになっていきました．

コミュニティの成長へ

状況はさらに変わっていきます．次に起きたのは，専門家やいわゆるアマチュア研究者の人たちのなかから，「みんな蛾」の活動に参加する人が出てきたことです．昆虫研究の世界では，専門的な研究者だけでなく，ほかに仕事をもち余暇に研究をするいわゆるアマチュア研究者が重要な柱となっています．そういった人たちのコミュニティとして，日本蛾類学会のようなアマチュア研究者や愛好家中心の学会，地域の自然を明らかにする役割を担っている各地の同好会などがあります．「みんな蛾」の開設当初は，こういった既存のコミュニティとの接点は多くありませんでした．しかし，開設後しばらくして，「みんな蛾」の掲示板での名前調べを手伝う人や，写真をはじめ貴重な情報を提供してくれ

る方がたが既存コミュニティから出てきたのです．これによって，掲載されている種の網羅性を飛躍的に上げることができました．その結果，2017年8月現在，図鑑パートに掲載されている種および亜種の数は，成虫（蛾）が4,112種・亜種，幼虫などが672種・亜種にのぼります．

「みんな蛾」に参加した人の活動も広がっていきました．すでに個人で生き物のウェブサイトや掲示板を管理している人は，自分の撮影した蛾の写真の名前を「みんな蛾」で調べた結果をウェブサイトや掲示板などで紹介するようになりましたし，「みんな蛾」の常連となった人が，それぞれ自分の撮影した蛾の写真を使ったウェブサイトを立ち上げはじめました．ネット上で気のあったなかまによる蛾のコミュニティも成立するようになり，ソーシャルネットワーキングサービス（SNS）などで蛾に関するグループが作られています．ネット上で成立したグループのうち，とくにある地域に限ったグループの場合には，メンバーが実際に会い，一緒に蛾の調査をするようなことも増えました．また，自分は学会などに入らなくても，逆にSNSなどのコミュニティに入ってきた学会などの参加者と会話し，専門的な知識を得る機会も出てきました．このように，ネット上で蛾に関するコミュニティができるだけでなく，相互に乗り入れることで，既存のコミュニティとの接点が増えていったと考えます．

コミュニティの外からの反応

外部から投稿写真を使いたいという依頼も増えました．「みんな蛾」では，投稿写真の著作権を各投稿者のものとしており，あくまで図鑑での利用のために提供していただいているという立場で運営しています．そのため，利用の問い合わせがあった場合，各写真の投稿者に連絡をして許可や利用条件を決める作業を管理人が行っています．投稿者に連絡がつかないことも多く時間や手間もかかるため，条件によってはお断りをすることもありますが，投稿者の許可をいただいたうえで利用された例も多く，アジアからもち込まれた外来生物を紹介する資料での利用など，海外からの依頼もあります．

二次利用も進んでいくなかで，書籍としての図鑑に「みんな蛾」の投稿写真が使われる機会も出てきました．最初に使われたのは学研から出版された『日本産幼虫図鑑』です．そして，その後，川上洋一氏によって，『庭のイモムシ・ケムシ』[2]『道ばたのイモムシ・ケムシ』[3] の2冊が出版されました．この2冊では，「みんな蛾」の投稿写真が多く利用されただけでなく，「みんな蛾」の管

理人が編集にも携わりました．このように，もともとは紙の図鑑を補完するネット図鑑を作ることが目的だった「みんな蛾」が，紙の図鑑を構成するようになったのです．私自身，まさかこんなことになるとは思いもしませんでした．これは，「みんな蛾」へ集まり投稿してくださった方がたの力の一つの結集といえるでしょう．

新たな情報発信へ

「みんな蛾」は，専門家に貴重な情報を与える場にもなりました．前述のように，掲示板へ投稿した人数は1,500を越えています．日本蛾類学会の会員数が約300人なので，その5倍以上の人が投稿したことになるわけです．これだけの人によって，全国のいたるところからタイムリーな情報が提供されるなかで，専門家にとっても重要な情報が散見されるようになりました．日本ではじめて見つかった種，数十年ぶりの発見，初めての生態写真，最近増加した種，都道府県別の初記録など，枚挙にいとまがありません．多くの場合，研究には標本が必要なため，写真だけでは不十分なこともあります．しかし，参考記録としては重要ですし，標本を作っている投稿者から専門家が標本を譲り受けて研究することもできます．専門家からコメントが投稿されれば，参加者のモチベーションも高まります．一方で，「みんな蛾」を使って種名を特定した写真を紹介するときに，多くの方がその種名に従うようになりました．前述のように，「みんな蛾」で使われている種名は，私とニワカガマニアさんで作成した種名リストに基づいており，このなかには多くの最新の知見が含まれています．「みんな蛾」を通じて，昔に書かれた図鑑のような古い情報のかわりに，誰もが研究成果に基づく新しい知見を使って情報発信できるようになったのです．このように，「みんな蛾」は，専門家と一般の方とを相互につなぐ場としても機能するようになったといえるでしょう．このような生物分類学者と「みんな蛾」との関わりについては専門誌でも紹介しました[4]．

1.2.5 「みんな蛾」とネット上のサイエンスコミュニケーション

「みんな蛾」の存在は，蛾のことをよく知りたいと思っている人に多少なりとも影響を与えたと考えます．仕掛け人であるニワカガマニアさんと一致したのは，このウェブサイトが蛾を楽しむための裾野を広げるのに役立って欲しいということでした．ネット上を探訪すれば，家のまわりで蛾の写真をひたすら

撮影している人，蛾のモコモコとした姿や顔をかわいいと思う人，生き物アートで蛾をモチーフにする人など，蛾に興味をもち多様な活動をしている人がたくさんいることに気づきます．そういった人たちにとって，数万円もする専門的な図鑑を購入したり図書館に行って調べるのも，学会のような詳しい人が集まっている場に参加するのも，非常に敷居が高いものです．「みんな蛾」のように，たくさんの蛾の写真を自由に見ることができ，掲示板でアドバイスがもらえるようなネット上の場は，大きな助けとなるはずです．

　ネットは，対話形式のイベント，解説記事などと同様に，サイエンスコミュニケーションを行ううえで有効な手段の一つです．「みんな蛾」のウェブサイトや掲示板はネットにつなげばアクセスできるので，イベント会場に足を運べない人でも気軽に参加できるメリットがあります．また，近くでは同じ趣味関心をもつ人が見つけられなくても，ネット上の場で知りあいコンタクトをとる機会も多いです．そして，蛾を仲介としたいろいろな人との交流が，個々の参加者のステップアップに寄与していると考えます．蛾だけではなく自然について多くのことを学ぶきっかけになることもあるでしょう．「みんな蛾」から広がっていくコミュニケーションのつながりを図1.5に示します．「みんな蛾」のように，ネット上のコミュニケーションを介して名前をみんなで調べつつ生き物の情報を集積していく手法は，今や国内外のプロジェクトで散見されるようになりました．国内の例としては環境省による「いきものログ」，海外の例では「iSpot」「Project Noah」などがあります．「みんな蛾」は，そのような試みの先駆けともいえます．

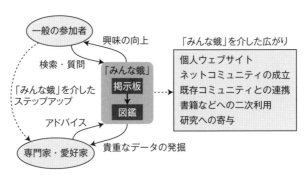

図1.5　「みんな蛾」が仲立ちするコミュニケーション

一方で，ネット上でのコミュニケーションは，顔が見えないぶん，自分と違う考え方の人を攻撃したり，場合によってはそれが連鎖するといったリスクをはらんでいることに注意が必要です．ネットは繁華街の横断歩道のようにいろいろな人が行き交う場所です．ネット上のコミュニケーションは，顔が見えなくても人対人の交流の場であることを念頭に，マナーを守りつつ進めることが大事です．また，なんらかの場をネット上に作る場合には，メリットとリスクをふまえ，どのようなさじ加減で管理するかよく検討することが必要と考えます．

〔神保宇嗣〕

◯ 引用文献 ◯

1.1
1) "乳幼児期からの子供の発達を地域で支えるための教育環境づくりの在り方について 第一次答申", 東京都生涯学習審議会 (2007).

1.2
2) 川上洋一 著, みんなで作る日本産蛾類図鑑 編, 『庭のイモムシ・ケムシ』, 東京堂出版 (2011).
3) 川上洋一 著, みんなで作る日本産蛾類図鑑 編, 『道ばたのイモムシ・ケムシ』, 東京堂出版 (2012).
4) 神保宇嗣, 鈴木隆之, "インターネットが創る分類学の可能性——蛾類を例に", タクサ, **20**, 6-14 (2006).

学生によるサイエンスコミュニケーション

　大学や大学院で学生がサイエンスコミュニケーションを行う場として，サークル活動や大学主催のイベントなどがあげられます．実験教室や科学イベントなど，さまざまな活動が，目的や対象に応じて行われています．私自身，こういった活動に参加していくなかで，一つの活動のなかに二つのサイエンスコミュニケーション活動が内包されていると感じました．

　私が参加した「大学院生出張授業プロジェクト（BAP）」（https://sites.google.com/site/baputokyo/）は，大学院生が出身高校で「出張授業」を行うことをサポートする学生団体です．構成メンバーは，理系も文系も含めた大学院生で，出張授業では，おもに学生生活や研究のこと，進路選択などについて話をします．授業の前には，メンバーを高校生役とした練習会を必ず行い，高校生にとってわかりやすいかどうか，他分野の学生に気づいた点を指摘してもらいます．そうすることで，専門用語を無意識に使っている部分，説明が不十分な部分などが見えてきます．伝えるさいの詳しいテクニックは第6章に譲りますが，ここで一番難しいのが，バックグラウンドの異なる相手に伝えるためには普段の目線から一段上の俯瞰した視点が必要になる，ということです．たとえば自分の研究を紹介するとき，研究室内であれば，実験データの細部について「そうそう，ここの曲線の具合が……」などと盛り上がれるような話題も，高校生に話すさいには，そのデータのもつ背景まで説明しないことには，興味深いと感じる点を共有できません．試行錯誤の末の本番で，高校生が研究の話に興味をもってくれたり，本質を突いた質問をしてくれたりすると，うまく伝えられたことが実感できます．これが，一つ目の外に向けたサイエンスコミュニケーション活動です．

　もう一つ，実は内側にもサイエンスコミュニケーションが隠れています．それは，自分自身が異分野の話題に触れる，ということです．普段，同じキャンパスや建物にいても，自分の専門と別の分野の話はなかなか聴く機会がありません．サークル仲間を通じてさまざまな分野について知ることは，自身の視野を広げることにつながります．しかも，直接話をしていると，その人が思う研究の面白さや熱意がより強く感じられて，ウェブサイトで内容だけを知るのとは一味違った楽しさがあります．

　外と内，二つのサイエンスコミュニケーションから，俯瞰する視点や視野の広さを得ることは，自身の研究へもよいフィードバックを与えてくれます．　　　（江崎和音）

第2章 研究機関や企業のサイエンスコミュニケーション

　自然科学の研究機関や，商品の開発から製造・販売までを行っている企業などでは，研究成果の公表や商品の広告を含め，多様な広報活動を行っています．こうしたさいに，どのようなサイエンスコミュニケーションが行われているのでしょうか．

　本章では，まず2.1節で研究機関でのサイエンスコミュニケーションの事例を取り上げます．続く2.2節では，2名の執筆者がそれぞれの企業で行っているサイエンスコミュニケーションについて紹介をします．

2.1　研究機関広報の仕事

2.1.1　科学の現場を伝える仕事

　通常，企業の場合，広報室というのは中枢，社長室や取締役室のたもとに秘書室と並列して設置されています．広報室にはいろいろな情報が集約されており，危機管理においても，その会社の成長戦略においてもキーポイントとなる部署です．しかし，国の大学・研究機関の多くでは，そのような形になっていないのが実情です．

　広報には攻めの広報と守りの広報があるといいます．私が所属している国立天文台の場合は，どちらかというと伝統的に攻めの広報を展開してきました．天文学の場合は経済活動に直結していないため，環境問題や原子力のような負の面が少ないのです．それは逆に，一所懸命に声を上げないと社会から見向きもされないことを意味しています．そのため既存メディアやインターネット，SNSなどを利用しての情報発信は命綱となる基盤事業です．天文学にかかわらず基礎科学の広報はほぼ同じ立場にあると思われます．

　日本は明治維新以降，富国強兵政策のなかで科学技術立国を国是として，科

学技術の振興に力を入れてきました．つまり，科学技術や応用科学に力を入れてきました．一方，基礎科学（純粋科学）は社会の成熟度が低かった20世紀末頃まで，ずっと欧米に遅れをとってきましたが，近年，状況が少し変わりつつあります．たとえば小学校・中学校の教科書を見ると，15年ぐらい前までは理科教科書に載っているのは，NASA（アメリカ航空宇宙局）をはじめ外国の成果のみでした．今ではJAXA（宇宙航空研究開発機構）の小惑星探査機はやぶさの成果や国立天文台のすばる望遠鏡の天体画像など日本の基礎研究成果が教科書に載るようになりました．つまり，自分の国の子どもたちや市民に，ようやく自分の国の基礎科学装置を使った成果を伝えられる時代に入りました．

2.1.2　広報とアウトリーチ

大学・研究機関の広報とは？

　私は以前，広報普及室という部署で室長を担当していました．2004年の国立大学・共同利用機関の法人化にさいして，発展的に広報室と普及室というように二つに業務を分けることにしました．この広報と普及という言葉は，しばしば混同されて用いられますが，実際にはまったく異なる性質のものだからです．

　広報とはpublic relation（PR）のことです．日本人にとってはPRと言ったほうがわかりやすいかもしれません．PRそのものの意味は広義なため，日本では広報＝宣伝（propaganda）と狭義に捉えられることのほうが一般的です．その法人なり個人なりをいかに宣伝するかが狭義での広報ということになります．この定義による広報とはきわめて戦略的な業務であり，発表される内容に関して，すべての受け手に対する公平性とか平等性とかを期待することは無意味です．広報担当者にとっては，いかに人びとの脳裏にサブリミナルに自社のブランドを植えつけるかというのが一般的な広報の役目です．もちろん，これはかなり極端な言い方で，担当者が皆そのように思って働いているわけではありません．

　こうした事例として，国立天文台の広報の立場・ねらいなどを説明したいと思います．国立天文台の研究費（運営交付金など）は国民が税金として支払ったお金をいただいています．たとえば，すばる望遠鏡の場合，建設に300〜400億円，年間維持費として30億円程度かかっています．単純に計算すると

すばる望遠鏡で一晩，観測をすると，税金をおよそ1,000万円使ったのと同じことになります．多くの研究者は「今日も1,000万円を使いました．国民のみなさん，ありがとうございました」という気持ちに自然となります．そうすると，国民のみなさんにしっかり成果を伝えていこうとするのはあたり前の話で，成果報告は税金で研究する研究者個人や研究所の義務でもあることがわかります．

　自分たちの将来のために，戦略的に自分たちのやった成果を国民に問いかけて，「どうですか？　こういうことをやっているのですけれど，面白いでしょう？　みなさんも興味をもってもらえませんか？」というPRをしながら，一方，「みなさんありがとうございます．みなさんのお陰でこれだけの成果が出ました」と成果を世の中に還元していく．これはあたり前といえばあたり前の話といえましょう．

大学・研究機関のアウトリーチとは？

　一方，普及というのは，public outreachまたはpublic understanding of research（PUR）のことです．日本でもこの15年間ぐらいのあいだでパブリックアウトリーチ（またはアウトリーチ）という言葉が定着してきました．アウトリーチにはたとえばウェブやSNSなどのネットを用いた情報発信も一般的に含まれますが，講演会・サイエンスカフェなどのイベントもアウトリーチに含まれます．一般にアウトリーチとはPRに比べ，国家戦略や，国立天文台の法人としての戦略などに関係が少なく，純粋に科学・天文の面白さを納税者や次世代を担う若者・子どもたちと共有するための活動といえます．大学・研究機関側から，またはそこに帰属する個人から納税者や子どもたちへのアウトリーチ（普及）活動と捉えるとよいでしょう．

　国立天文台では，普及室の活動指針としてPURという側面を大事にしています．PURは，20世紀末までのPUS（public understanding of science）といういわば啓蒙主義，欠如モデル（サイエンスの結果だけを市民に伝える，いわゆる「理解増進活動」）に対して，狂牛病やクローン羊ドリーにはじまる科学技術の進歩と生命倫理の問題の検討のなかから生じた市民の科学理解の過程に基づいて作られた言葉です（p.3参照）．もともとその分野に興味をもっている人にとっては，結果のみを知るPUSも面白いし役に立つ情報です．しかし，PUSというサイエンスの結果だけを伝える方法だけでは，市民と研究者が理

解しあうのには限界があります．サイエンスの結果そのものよりリサーチの過程そのものを市民に伝えようと，国立天文台では 2004 年頃から普及の方向性，手法を PUR へと舵を切りました．その手法は大きく二つ．テレビ番組の「情熱大陸」や「プロジェクト X」などと同様に，研究者を全面に押し出し，人の魅力，プロジェクト進行のドラマを伝えるアウトリーチ活動と，4 次元デジタル宇宙プロジェクト（4D2U）[*1]や一家に 1 枚宇宙図[*2]に代表されるような研究過程と成果の可視化・配布です．

2.1.3 NASA の広報戦略
SSC と HST

ではなぜ，市民向けの広報やアウトリーチが科学の発展のために必要なのでしょうか？　一つの逸話として SSC と HST の話をご紹介します．

SSC とは超伝導超大型加速器（superconducting super collider）のことで，1991 年にアメリカで建設が始まった大型加速器のことです．この加速器のサイズは大体，山手線一周と同じぐらいの大きさで，地下に山手線で駅三つ分ぐらいまで建設が進んだ 1993 年，クリントン政権の時代にお金がかかりすぎるということで，議会で問題になり建設中止になりました．加速器は素粒子科学や高エネルギー物理学にとって必要な装置ですが，アメリカの税金をかける意味がないと下院で判断されてしまったのです．クリントン政権のまわりの科学関係者たちが，基礎物理に対しての理解が浅かったことや，基礎物理のプロジェクトが巨大化しすぎて，本当に意味があるのか，という疑問の声を無視できなくなってきたのでしょう．

一方，ほぼ同じ時期，ハッブル宇宙望遠鏡（Hubble Space Telescope：HST）が 1990 年に打ち上げられました．当初，HST はピンぼけでまったく使い物になりませんでした．これは設計上のミスがあって焦点があわなかったのですが，それを打ち上げてから気づくという NASA の大失態でした．ところが，HST は SSC と金額についてはさほど差がないレベルにもかかわらず，アメリカは

[*1] 宇宙の可視化とその成果としての 4 次元デジタルコンテンツの配布を目的とした国立天文台のプロジェクト．おもな配信コンテンツとしては「Mitaka」（約 100 万件ダウンロード）などがある．
[*2] 科学技術週間に配布される「一家に 1 枚」ポスターシリーズの第 3 作として 2007 年に全国の学校・科学館に配布．その後，2013 年版や「太陽」，「光マップ」などのポスターを制作・配布している．

1993年にはさらに予算をつぎ込み，コンタクトレンズのような補正系レンズをスペースシャトルで打ち上げ，宇宙飛行士が宇宙空間で大規模な修理をしたのです．その結果，2017年現在でもHSTは活躍をしており，すでに天文学の歴史を塗り替える発見が多数なされています．

この結果の違いは何が原因なのでしょうか？　諸説ありますが，NASAの広報戦略が勝っていたことを取り上げる評価が多いようです．NASAは1958年に作られた国家機関で宇宙での軍事活動も含めての巨大な組織であり，危機管理や広報戦略に非常に長けているのが特徴です．たとえば1986年のスペースシャトル，チャレンジャー号の事故のあと，NASAは予算が削られて冬の時代を迎えますが，その後，ようやく予算が上乗せされることになったときにNASAはその予算でまずは最初に優秀な広報官を雇っています．このことからもNASAは戦略的PRをプロ集団が担っていることがわかります．

NASAとJAXA，国立天文台

　NASAが大きな広報予算と広報専門職，アートデザイナーなどの専門家を複数雇うことができるのは，予算規模が大きいことや欧米の科学技術政策や科学文化の影響も大きいことでしょう．近年では日本でも，科学研究費補助金（科研費）や科学技術振興推進費などの大型予算枠に，教育・アウトリーチのために数％使うよう指示された紐つき予算も見られるようになりましたが，アメリカの競争的資金の多くは，以前から全体の何％は教育・アウトリーチに使うよう，用途の縛りを設けているものが多いようです．日本では，研究者の評価軸がごく最近まで，①論文インパクト数（論文数や被引用数），②弟子の養成実績（育てた博士号取得者の質と量）が主でした．しかし近年は，欧米同様に三つ目の評価軸として，③社会への貢献や還元があげられるようになりました．個人評価も機関評価も変わりつつあります．研究分野によっては，まだまだ大きく温度差がありますが，全体として科学と社会をめぐる状況は変化しています．

　1998年に東京の中学1年生に対して，「アメリカの宇宙開発をしている機関の名前を書いてください」，「日本の宇宙開発をしている機関の名前を書いてください」という調査をしたことがあります[1]．結果はNASAと書けた生徒が58％なのに対し，当時のNASDA（宇宙開発事業団）を書けた生徒はたった2％にすぎませんでした．日米の広報にそこまで差があった1998年，国立天文台

は天文情報公開センター（現在の天文情報センター）を立ち上げ広報・普及活動を開始しました．

2.1.4 機関広報 vs. 科学記者

インターネットやSNSの発展によって広報情報の提供先は既存メディアのみならず，直接市民へと広がりをみせています．しかし，依然，大学・研究機関広報のもっとも主要な業務は記者発表・記者会見に違いありません．そこで，メディアへの対応について説明しましょう．なお，本項では新聞の科学部の記者を想定して説明をしますが，テレビなどほかのマスメディアについても基本的には同様です．

新聞記者にとって，記事の対象は新聞購読者であり，読者が興味をもたないような記事は，いかに学術価値が高くても掲載しようとは思いません．そもそも，書き手である新聞記者が興味をもつような投げ込みネタでないと，多様な情報のもと，担当デスクやその上の紙面編成部の目に留まって記事として活字にはならないようです．そこで，大学や研究機関からの広報活動においては，何にもまして記者にとって，そしてその先にいる読者にとって「わかりやすい」ということがポイントとなります．このため，記者発表用のリリース（プレスリリース）原稿が，いかにわかりやすく興味を引くものかが広報担当者にとっての最大の腕の見せ所です．

また，リリースする「タイミング」にもコツがあり，同じ記事でもリリースするタイミングを間違えると記事にはなりません．既存メディアの場合，大学や研究機関から投げ込まれたリリース文を見たあとで，記者はもちろんその分野の専門家ではないので，通常，リリースされた内容がどんな価値なのかその研究分野の権威と呼ばれる複数名に「ウラ」をとる作業を行います．ところが，その研究分野のメイン機関，たとえば国立天文台やJAXAがリリースするとなると，発表機関が権威（またはブランド）そのもののため，多くの記者は疑いをもたず，リリース内容をそのまま記事にしようとします．この「権威づけ」という記者の習性をよく理解して広報活動を行うとよいでしょう．

天文分野の場合，研究者は全国の大学にいて，それぞれが記者発表に値するような成果を出す可能性があります．しかし，地方大学でリリースしても記者会見場にはそこの地域紙しか取材に来ないのが実情です．そこで，国立天文台

の直接の成果でなくても，国立天文台の広報室経由で記者会見を開催したいという申し出が地方大学所属の研究者から寄せられることもあります．天文に関する報道の場合，きれいな天体画像があるかどうかも記事にしてもらえるかどうかで大きな差を生みます．HSTやすばる望遠鏡のような可視光線や赤外線の光学望遠鏡は成果としてなじみやすい画像が得られるので報道されやすい一方，成果をコントアマップ（目の粗い雨量分布図のような画像）でしか表現できなかったかつての電波天文学のような分野は記事になりにくい，というハンデもあります．

　国立天文台では，記者会見を実施する場合，FAXとメールで記者クラブや登録してある科学記者宛に，会見日の1週間から10日前に記者会見の日時，場所と発表タイトル，その要旨をA4一枚にまとめて送っています（A4一枚であることも重要）．そこにはパスワードつきのウェブサイトのURLを書き込み，そのサイトに関心をもった記者が予習できるよう，発表内容の要約や詳細な内容，記事ですぐ使えるよう加工した図表類，補足資料などを載せておきます．さらに，この投げ込みリリースA4一枚紙には発表者または広報担当者の携帯電話の番号が書いてあり，24時間，夜中でも電話に対応できるようにしています．優秀な記者たちの多くは，記者会見前に繰り返し電話で取材を行い，内容をしっかり把握したうえで記者会見に臨み，疑問点や問題点を解決し，必要とするコメントを発表者から引き出し，最終の提案記事原稿としています．通常，その場に行って聞いたものを書いて出してもデスクがつまらないと言って記事にまでならないからです．

　日本の新聞は全部の記事が各紙横並びとなりやすい傾向があります．フランスに行くと新聞ごとに書いてある記事がこんなにも違うのかと思うぐらい全部違うのですが，日本ではほとんど各紙同じです．そこで，ベテランの広報担当者は記者に対し個別にメールまたは電話をし，「〇〇新聞の△△記者は，書くって言っていましたよ」などと記者の不安を煽ったりします．他紙がすべて載っていて，自社のみ扱っていなかった場合，担当の記者は上司に呼ばれお目玉を食らうことになるからです．

　さらに，日本のメディアは「世界一」「世界初」に眼がないという特徴もあります．加えて今回はHSTに勝ちましたとか，ライバルとの対決構造をリリース文に書くとよいと思います．

次に，科学記者と大学・研究機関の広報担当者（機関広報）の関係について．理想はつかず離れずの関係です．一応，互いに一定の信頼はするけれども，互いにある程度，批判的に思っている必要があります．互いに信用しすぎないというのが記者とのつきあいの極意かもしれません．機関広報すなわち発表する側は最新の科学の成果について，正確で詳しい内容を伝えたいのです．ところが，科学記者は新聞が売れてなんぼの世界なので，読んでもらわなくてはいけません．このため，正確でわかりやすい記事であることがとても大事です．機関広報は大人も子どもも，つまり社会の構成者全員に伝えたい．ところが，新聞社にとっては購買者，新聞の購入者が伝えたい対象者なのです．新聞記者にとっての社会は購読者であり，広報担当者にとって社会とは納税者と次世代を担う若者です．広報担当者は広く伝えるために，すべてのメディアを通じて平等に伝えたいと考えています．一方，記者にとって大事なのは他社を押しのけてもいち早く伝えることです．また，記者は一般市民の視点に立って記事を書くのに対して，私たちは科学者の視点で伝えようとします．このように明らかに記者と広報担当者では立場も考えも違うことを肝に銘じて広報を担当しましょう．

一方，研究機関や研究者を評価するさいには報道での取り上げ方と研究成果の評価は比例しないことに注意しましょう．メディアに対しての注文としては，① 機関広報からのリリースはいわゆる大本営発表であり，大本営発表のみを信じて報道しないでほしい．② 一つの記事ネタにかける時間を十分確保してより深く鋭い記事を書いてほしい．さらに③ 不必要な記者間や会社間の競争をやめてメディアの公共性という点にも十分配慮してほしいと願っています．

2.1.5 国立天文台のアウトリーチ活動の実際

科学は世界共通でありユニバーサルなものですが，科学を伝えるうえでのキーワード，すなわちサイエンスコミュニケーション文化はそれぞれの国・地域によって異なります．ヨーロッパでのサイエンスコミュニケーションにおけるキーワードが「対話（dialogue）」，アメリカが「理解（understanding）」であるのに対し，日本は「興味関心（interest）」と「参加意識（awareness）」であると指摘されています[2]．

国立天文台のアウトリーチ活動は，おもに国民の interest と awareness を意

識して進められています.普及室の場合,定常的な業務は「施設公開」事業,「質問サービス(電話サービスほか)」,「イベント・教育事業」,「コンテンツ開発・配布」事業の4部門に分けられます.それぞれの活動は多岐に渡っており,本書で詳細は紹介しきれないため,普及室ウェブページ[3]や引用文献[4]を参考にしてください.なお,国立天文台では,サイエンスコミュニケータ養成事業(科学映像クリエータ養成講座および科学プロデューサ養成講座)を,平成19～23年度に三鷹市と協力して実施しました(文部科学省科学技術振興調整費〈地域再生人材創出拠点の形成〉).本節の内容についてさらに詳しく知りたい方は,科学プロデューサ養成講座の教科書[4]もご参照ください. (縣 秀彦)

2.2 企業におけるサイエンスコミュニケーション

2.2.1 技術広報という仕事

はじめに

　企業にも科学と人をつなぐサイエンスコミュニケーションの仕事があることをご存じでしょうか.私は学生時代に国立科学博物館認定サイエンスコミュニケータを取得し,今は化粧品会社の広報部門で「技術広報」を担当しています.自社で発見した研究成果や開発した技術について,どこが新しくてどのように役立つのかをわかりやすく魅力的なストーリーで説明するのが技術広報の役割です.自社の研究所では,化粧品や美容食品・再生医療など,美や健康に関する幅広い研究開発を行っており,技術広報においても次々と新しい話題に取り組みます.企業では新発見や新技術を商品・サービスに活用して販売促進や企業価値向上につなげるため,技術広報担当者は技術の科学的な理解だけではなく,特許や許認可も勉強します.自社の研究開発の過程やその技術を活用した商品・サービスについても熟知しておく必要があり,サイエンスコミュニケータの職能を活かしながらビジネスの全体像に精通できるのが特長です.
　私が担当する具体的な仕事は,研究成果を伝えるプレスリリースの執筆や,技術に関する記者会見の企画運営です.プレスリリースで記者やライターの興

味をひいて記事化をうながし，メディアからの技術に関する問い合わせや取材依頼に対応します．ときには投資家対応担当者と協力して，株主向けの技術解説資料を作ることもあります．業務の合間には社内の研究室をうろうろして，未来の生活文化を変えるような面白い取り組みにアンテナを張っています．

文章で技術を伝えるプレスリリース

技術のプレスリリース作成は，執筆にとりかかる前の情報収集が頑張りどころです．技術広報担当者は，顧客の気持ちになって発表内容のどこが新しくてなぜ重要なのかを紐解き，記者の立場になってどのようなニュース性があるのかを研究者へヒアリングしていきます．研究発表資料を読み解くときは，自分が最初の取材者になったつもりで臨みます．実験データは素直に受けとめつつ，結果の解釈については「それって本当？」「何が新しいの？」と厳しい知的ツッコミを入れるのです．コミュニケーション方法を検討するときは，伝えたい相手にあわせて「見方を変えたらどうなるだろう？」と立ち返る，視点移動を心がけています．プレスリリースの読み手は，企業活動全般を取材する経済記者から化粧品雑誌に連載する美容ライターまで幅広く，関心のある話題や知識もまちまちです．多忙な記者・ライターに興味をもってもらうには，「のど越しのよい蕎麦のように，するするっと飲み込みやすい（理解しやすい）明快で簡潔な文章」が理想です．プレスリリースでは要点を絞り込んでニュース性の大きなものから順に書き，技術の新規性と独自性を浮かび上がらせます．読み手を想像しながら，役立つ情報あるいは面白い話題としての切り口を示します．最近では，図解・写真などの視覚素材が欠かせません．込み入ったデータや研究成果のなかから要点を抽出して視覚的に表現するインフォグラフィックの手法は今でも学び続けています．

対話で技術を伝える記者会見

科学は理解が難しい分野なので，プレスリリースの配布と同時に記者会見（記者向けの説明会）を実施することが効果的です．研究者や技術者本人が話題提供することで，開発現場の想いをしっかり伝えられるという利点があります．研究者のなかには記者の質問への対応に不慣れな方もいますので，どう答えればわかりやすくなるか，記者とのコミュニケーション方法をアドバイスするのも技術広報の仕事です．あとで読み返せるプレスリリースの文章とは異なり，話し言葉は次から次へと流れていってしまい記憶に残りにくいものです．専門

用語や略語は，一度ですっと聞き取れる平易な言葉へ徹底的に言い換えます．スピーチ原稿を作るときは，予行演習として同僚に発表内容を聞かせて反応を見ながら，話すべき内容やつかみのネタを整理していきます．印象に残したい大事な情報は，たとえを使い，エピソードを織り交ぜながら，繰り返し伝えます．

　私の場合は，趣味のサイエンスカフェ（科学技術について参加者どうしでざっくばらんに話し合うトークイベント，p.148のコラム参照）でのファシリテータの経験を活かして，記者会見の司会進行を務めるときも，サイエンスカフェ同様に記者たちの質問を交えながら技術解説を進めることが多いです．記者の理解を深めるために，模擬実験や模型を用意する場合もあります．科学という専門的な分野の会見だからこそ，双方向のコミュニケーションを引き出す工夫によって，記者が話題に入りこみ，記者が求める情報と企業が提供する情報のギャップを埋めるのがねらいです．

サイエンスコミュニケーションの幅を広げるコツ

　文章でも対話でも，「わかりやすさと科学的な正確性のバランス」は永遠のテーマです．研究者にとって正確な表現は染みついていますので，技術広報担当者がわかりやすさを心がけて説明の仕方を考えます．技術の全体像をよく理解してこそ大胆にそぎ落としてよい箇所が見えてきますし，受け手が何を知らないかを把握してこそわかりやすいストーリー展開を編み出せます．正確性は研究者の意見を反映しつつ，わかりやすく魅力的なストーリー構築は技術広報担当者が主導するのが，バランスよくまとめるコツではないでしょうか．

　受け手の反応を想像するために日ごろから取り組んでいるのが，メディア別の報道特性，各メディアで何がニュースになるのかを把握することです．一般向けの新聞であれば技術の許認可や設備投資など経済に直結する話題，科学コラムであればロマンや面白さを感じさせる話題が多く取り上げられます．同じ技術広報の案件でも，科学専門誌は成分の化学名をあげて業界の読者に役立つ情報として記事化し，地方新聞であれば研究者の出身地やご当地に絡む開発エピソードを強調します．技術広報の経験を積み重ねるごとに，「企業として発信したい情報と，各メディアがニュースとみなす情報の重なりあう部分」を見出す提案ができるようになってきます．メディア別の興味関心を学んでおくと，危機発生時のコミュニケーション（想定問答集の作成など）にも役立ちます．

技術広報を楽しもう

　技術広報の魅力は，研究室を離れてからもつねに最新科学の第一線にいられることです．新しい知識を得るために社内外で専門家の話を聞き，科学雑誌を読み，専門の学会に参加して情報収集します．科学はつねに前へ前へと進んでいるので，飽きることがありません．企業における技術広報は，サイエンスコミュニケーションの面でもビジネスの面でも学ぶことが多く，社会に働きかけられる面白さがあります．人に伝えるには難しい内容が多いですが，工夫を重ねて相手に伝わったときの喜びはクセになります．技術広報を通じて美や健康に貢献できるのはやりがいがありますし，技術広報後の反響を社内にフィードバックすることで，お客さま視点に立った，よりよい技術開発にもつながります．

　私の場合は，企業に技術系総合職として入社し，研究員や学術広報担当を経て技術広報担当になりました．日本の企業では日常業務を行いながら専門技能を身につけていくことが多いですが，私が技術広報担当になってすぐ現場で活動できたのは，学生の頃からサイエンスコミュニケーションを学び，社会人になってからも趣味としてその実践活動を続けてきたからだと確信しています．

（蓑田裕美）

2.2.2　企業に勤める研究者のサイエンスコミュニケーション

　企業におけるサイエンスコミュニケーションといえば，アウトリーチ活動を思い描く方が多いように思います．確かに多くの企業ではそのような活動を指す場合が多く，私の所属する会社でもアウトリーチ活動を多く実施しています．これらの活動には，企業で研究や開発に携わっている立場の人も多く関わっていますが，通常は，広報室やCSR室が中心となって実施されています．一方，企業では，このような広報に近い意味あいをもって行われる活動だけでなく，研究・開発の場面にもさまざまなサイエンスコミュニケーションが存在しています．本項では私が専門としているガラス分野を例に，企業研究者に求められるサイエンスコミュニケーションの視点について紹介します．

企業の研究開発過程とコミュニケーション

　商品を開発するときには，実験室のような非常に小さい規模からはじめます（研究，図2.1）．私はここに携わる研究者なのですが，研究をしているガラス

図 2.1 研究開発から製品化にいたるまでのステップ

を例にあげると，数グラムから数百グラム程度の量で実験を行い，よい性能がでる材料の組合せや方法を探す研究を行います．ここでよいものができれば，次の「試作」の段階に移っていきます．試作段階で活躍するのが技術者です．技術者は研究者の実験データをもとに数キログラムから数十キログラムの量で試作を行います．先ほどの研究段階と比べると，100倍以上の違いがあります．この量の違いによって，研究段階では思ってもみなかったトラブルが起こるのです．たとえば，研究の段階では問題なく溶けていたガラスがまったく溶かせなくなることもあります．開発がうまくいったあとの生産段階では，熟練工や職人といわれるような方が試作品をもとに，数トンから数百トンの規模で生産を行います．開発段階からさらに1,000倍以上の量を使用するため，ここでも想像もしなかったようなトラブルが起こってきます．

　このように，製品として研究成果が世の中に出て行く過程ではさまざまなトラブルが起きています．各段階にかかわる研究者や技術者，職人がそれらのトラブルを解決することで，研究成果が社会に出て行くわけですが，これだけではいけません．企業にとっては，各段階で起きたトラブルをフィードバックし，なるべく早い段階で対策できるようにするのが重要なのです．研究者は，各段階を経るなかで起きたトラブルを解釈し，研究室で扱うスケールで再現する方法を考えます．ここが研究者の腕の見せ所です．そして，トラブルを解決する方法を考えることが，次の開発や生産段階でのトラブル防止になるわけです．このフィードバックこそ，企業の研究・開発において求められるサイエンスコミュニケーションの一例です．

　もう少し，このコミュニケーションを詳しくみてみましょう．たとえば，生産に携わる職人，熟練工といわれる方がたはこうしたトラブル解決のための経験が豊富で，何事もなかったかのようにトラブルを解決してくれます．彼らに

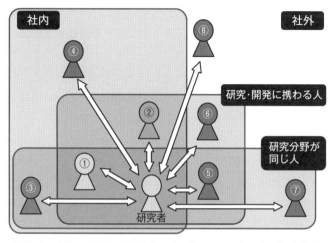

図2.2 企業の研究者が行うさまざまなコミュニケーションの関係

話を聞いてみると,「このトラブルのときには温度を上げるほうがいい」,「溶解炉の温度分布を均一にしないといけない」などとあたり前のように答えてくれます.そこには勘やコツ,生産の現場で求められる多くの知識が詰まっています.こうしたものは長年の経験によって培われたものですが,科学的な説明はなされてないことがほとんどです[*3].これをどのように聞きだし,理解をして,解釈をしていくか,こうしたコミュニケーションが研究者にとって重要なのです.そこには研究者が思いもしない,考えなかったような世界が広がっています.

企業研究者にとってのさまざまなサイエンスコミュニケーション

企業における研究・開発と一口に言っても,さまざまな段階があります.最終的に製品として世の中に出て行くまでに各段階で多くの方がかかわっており,各段階のコミュニケーションもさまざまです.しかもコミュニケーションは企業の中だけにとどまっているわけではありません.企業におけるサイエンスコミュニケーションは研究者を中心に考えるとどのような関係性になっているのでしょうか.これを図2.2にまとめました.

[*3] こうしたものの多くは,ローカルナレッジ(local knowledge)ともいいます.ローカルナレッジとは「現地で経験してきた実感と整合性をもって主張される現場の勘」といわれる,体系化されていない知識のようなものです.

まず，大きくは社内，社外に分けられます．次に，研究や開発に携わっているかどうかという分け方もできます．さらに，同じ分野かどうかで分けることもできます．これは私であれば「ガラス」ということになります．それぞれに「社内・社外の人」，「研究開発に携わる人」，「研究分野が同じ人」と名前をつけます．もちろんさらにいろいろな切り口で分類することは可能だとは思いますが，ひとまずこの三つの分類で整理したのが図 2.2 です．

まず，社内（①～④）についてみていきます．先ほどのたとえでいうと，生産段階の現場の職人や熟練工の方は，図 2.2 の分類では「社内」で，「研究・開発に携わる人」ではなく，「同分野」であるので③になります．ここでは聴く立場が重要となります．一方，同じ研究・開発に携わる相手（①や②）であれば，分野によらず研究内容を説明します．研究者でない方がた（④の営業職や上司など）にも商品の内容を説明しなければいけません．このように，社内のコミュニケーションの多くは研究者が説明する側となります．ですがもっとも重要なのは「説明をする」立場に立つときではなく，先ほどの③にあるような「聴く」立場のときです．この「聴く」立場でのサイエンスコミュニケーションは，数多くの新しい発見を研究者に教えてくれます．前述したほかにも，見るべきポイントを教えていただいたこともあります．「溶解炉のある所が変化すると製品の欠点が増える」というわけです．また，「ガラスは生物だ」とも言われます．これらはまさに経験のつみ重ねから得られた熟練工の感覚ですが，これらと科学的な理論とのつながりを考えなければ，職人芸ですまされてしまいます．そして実際，それらにつながりがあることは多々あるものです．

さて，ここで社外にも目を移してみましょう．ここで前例と同じような「聴く」立場のものはあるでしょうか？　社外（⑧）の多くはアウトリーチ活動であることは，はじめに書いたとおりです．また，「同分野」（⑤や⑦）であれば，ライバル企業という場合も多く，あまりたくさんのことを話せないことがつねです．社外とのコミュニケーションでもっとも注目したいのは⑥です．これは，「社外」の「研究者」で，「同分野」でない人たちです．この方がたは，他社で研究・開発に携わる人びとですが，彼らが欲しいものは，ガラスの研究・開発に関する知識ではありません．彼らが欲しいものは，彼らの研究・開発段階で必要なスペックを満たした製品（ここでいうとガラス）です．多くの場合，私のような素材メーカーの研究者は，自社の主力製品を使ってどのようなものな

らできるのか，という話をしたがるものです．しかし，自社製品が⑥の方がたの必要としているスペックの製品であるとは限りません．ここで素材メーカーの研究者に必要なことは，自社製品の紹介をするだけではなく，⑥の方がたの製品を開発するのに必要なスペックについていかに聴きだせるかです．そのようにして初めて，本当に必要とされる製品の案内や，新製品の開発のヒントが得られます．まずは「聴く」立場からはじめるというのは，営業職であれば意識している人も多いかと思いますが，専門知識をもつ研究者が行ったときに得られる成果は非常に大きいのです．

サイエンスコミュニケーションでは，大きく分けると情報を提供する側（話す立場）と提供される側（聴く立場）に分けることができます．しかし多くの場合には，提供する側に立ったサイエンスコミュニケーションの議論がなされていることが多く，提供される側の議論は多くありません．企業研究者におけるサイエンスコミュニケーションで重要なポイントから考えてみると，提供される側である「聴く」立場に価値がある場面が多いことがわかります．

サイエンスコミュニケーションは，一方的な形ではなく，話し手と聴き手の相互理解を深めるという立場で発展してきた考え方であることを企業研究者も思い起こすことが大切といえるでしょう． 　　　　　　　　　　（土屋博之）

◯ 引用文献 ◯

2.1
1) 縣 秀彦ほか，"専門家による講演が生徒の興味・関心に与える影響について"，地学教育，**55**(3)，81-87(2002)．
2) R. Semper, 2005, アメリカ科学振興協会（American Association for the Advancement of Science: AAAS）の 2005 年総会における講演より引用．
3) 国立天文台 天文情報センター 普及室ウェブサイト．http://prc.nao.ac.jp/prc/
4) 国立天文台科学文化形成ユニット 編，『科学プロデューサ入門講座』，科学成果普及機構出版会(2012)．

第3章 地域や社会でのサイエンスコミュニケーション

サイエンスコミュニケーションは地域や社会のいたるところで行われています．博物館や研究機関，企業といってもさまざまな専門分野や業種があり，それぞれのサイエンスコミュニケーションがあります．また，学校や大学などの教育機関，学会やNPO，公的な機関を例として，社会のなかで果たしている機能も多種多様です．それぞれを比べると，サイエンスコミュニケーションの意義や工夫の仕方に特色が見えてきます．

3.1節では，博物館という枠を越えて地域コミュニティとのつながりを創り上げている活動の紹介をします．3.2節では，新聞を例にジャーナリズムにおけるサイエンスコミュニケーションの紹介をします．

3.1 地域のなかの博物館

3.1.1 はじめに

博物館はさまざまな資料を集め，調べ，発信している場所です．博物館について定めた法律である「博物館法」の第2条には，博物館の目的としてその機能が述べられています．それを大きく分けると，資料を集めて保管していく「収集・保管」，資料を調べ研究する「調査・研究」，研究した内容を展示や講座などで公開する「教育・普及」の三つがあります．展示と教育普及を分けて，四つとする考えもあります．これらの機能は別々ではなく，関連させながら実施しているのが博物館の特徴です．この業務には学芸員という専門職員が中心となってあたります．学芸員の仕事には研究者としての側面もあれば，調べた内容を展示や教育活動を通じて人びとに伝える教育者としての側面もあります．また博物館には，歴史博物館，科学博物館，自然史博物館のほか，美術館，動

物園，水族館，科学館など，先に述べたような機能を有して活動する機関も含まれます．

博物館のなかには，立地する地域を重視して活動する博物館も多くあります．その考え方として知られているものに，博物館学者の伊藤寿朗氏による地域博物館論があります[1]．伊藤は博物館を地域志向型，中央志向型，観光志向型の三つの型に分類し，地域志向型博物館を「地域に生活する人びとのさまざまな課題に博物館の機能を通して応えていこうということを目的とするもの」としました．それは，地理的な範囲のみならず，市民を主体とする関わり方や，特定の専門領域を超えた活動を行う博物館としたものです．平塚市博物館の学芸員だった浜口哲一氏は博物館を「遠足博物館」と「放課後博物館」に分け，後者を地域の博物館が市民活動を支える姿として紹介しています[2]．

この節では博物館の活動について，私が勤務する伊丹市昆虫館を例にとり，教育系の活動とその考え方，地域の人びとと行っている事業を紹介します．

3.1.2　自然史系博物館の活動——伊丹市昆虫館を例に

伊丹市昆虫館の概要

兵庫県伊丹市は，大阪と神戸にはさまれた阪神間と呼ばれる地域にある人口19万人ほどの自治体で，大阪空港のある町として知られています．その伊丹市のほぼ中央に位置する昆陽池公園のなかに，伊丹市昆虫館はあります．1990年に開館した，昆虫を専門とする市立の自然史系博物館で，博物館法上の博物館相当施設です．25名ほどの職員が働いており，館長を含め6名の学芸系職員がその運営の中心となっています．

昆虫の専門博物館として，昆虫についてのさまざまな資料や情報を集めて保存し調べるとともに，昆虫という生き物の多様性や生態の面白さ，不思議さを展示や教育活動を通じて多くの人に知ってもらう活動をしています．それにより，自然に親しむ気持ちや自ら発見する楽しみを感じてもらい，多くの人びととともに学び続ける博物館でありたいと考えています．また市立の博物館として，そして市内で唯一の自然史系博物館であることから，地域に根ざした活動を重視しています．地域で果たす役割として，地域の昆虫をはじめとした自然調査を行い，その過程で集めた資料を後世に保存したり，調査結果を報告書にまとめたりしています．また地域での自然学習の拠点として，市民を中心とし

た地域の人びとに地域の生き物のことを知り，地域に関心をもち，好きになってもらうため，展示や教育活動を行っています．

　展示の特徴は生きた昆虫を飼育して一年中展示していることです．外観の特徴になっているガラスのドームは，チョウの飛ぶ温室になっています．温室内は植栽された亜熱帯産の植物で満たされ，そのなかで一年中およそ1,000匹の生きたチョウを放し飼いにしています（図3.1）．来館者はそのなかを歩き，隔たりのない空間でチョウの飛ぶようすはもちろん，花の蜜を吸うようすや求愛行動，産卵などさまざまな行動を観察することができます．チョウの温室以外にもカブトムシやクワガタムシ，ナナフシ，タガメなど，多様な生きた昆虫がいる生態展示室や，生きたオオゴキブリと触れあえるコーナーもあります．昆虫標本や映像，生息環境の模型などの展示，図書コーナーや映像のホールもあります．おもな来館者層は，幼児から小学校低学年ぐらいの子どもを含んだ家族連れです．平日には幼稚園や小学校の団体が多く訪れます．

博物館が提供できる学び

　博物館が展示などの教育活動で提供できる内容としてまず考えられるのは，集めた資料や情報，たとえば昆虫標本の展示や，種名や生態といった情報です．しかしそれだけではなく，それを得るための方法を人びとに伝えるのも博物館の役目です．それは採集や標本作りのような技術的なことかもしれないし，気づきの視点かもしれません．なぜなら，博物館は自ら学び続けていく人を支援する場所であり，そのような人とともに学び成長していく場所だからです．伊

図3.1　伊丹市昆虫館のチョウ温室

丹市昆虫館では展示や教育活動を通じて実物の観察や知識を提供するとともに，観察のための視点や資料を扱う方法も伝えるよう心がけています．また，なかま作りができる場でもあります．博物館に出入りするうちに学芸員らとともに学ぶようになることもあれば，博物館の活動を通じて共通の関心をもつ者どうしが出会い，なかまになることもあります．人をつなぐ場として人びとの学びを支えてゆくことも，博物館の役割だと考えています．

　教育活動を企画するにあたって私が最初に検討することは，その事業を何のために実施するのかという目的と，どんな人に実施するのかという対象です．目的は，博物館の事業からどんな印象を抱いてほしいのか，何をもって帰ってほしいのかということです．事業を企画するきっかけは，伝えたいことがある場合もあれば，すでにある資料などから発想する場合，あるいは自分の好きなテーマで企画する場合もあるでしょう．しかしいずれにせよ事業をこなすばかりではなく，それを通じて人びとに提供したいことがあるはずです．これは事業ごとにバラバラに考えることではなく，その博物館が地域社会に対して何をしたいのか，どのようにインパクトを与えていくのか，という普段からある方針のなかにどのように位置づけられるかを考えることでもあります．そしてそれは，きちんと相手のほうを向いて行わねばなりません．対象者を知り，想像し，どのようにすれば受け止めてもらえるかを考えるのです．

教育活動──学校や幼稚園などとの活動と友の会を中心に

　伊丹市昆虫館は展示以外にも教育活動として，講座や自然観察会などのプログラムだけでなく，学校などに対しての特別プログラムや友の会活動の支援も行っています．

　学校向けの特別プログラムは，伊丹市昆虫館では授業プログラムとよんでいます．市内の小学校や幼稚園をおもな対象としていて，館内で行うプログラムと，学校やその周辺に出かけていくプログラムがあり，年間あわせて70回ほど実施しています．館内でのプログラムはおもに生きた昆虫を用い，虫との触れあいやチョウの一生を観察のテーマにしています．館外でのプログラムの多くは学校内や近くの公園，河川敷などに出かけての昆虫観察や，冬越しなどのテーマの講話です．同じ学校に複数回出向き，季節ごとの昆虫調べを行うこともあります．学校や幼稚園の児童・園児らは，知識も関心もバラバラで，虫が触れない子も多くいます．プログラム作りで重視していることは虫の知識では

なく接し方の説明をすること，発見や疑問が出やすいように内容や資料を準備すること，一人ひとりの反応に対するサポートをすることです．うまくいくと，最初は苦手そうにしていた子も，クラスメイトと一緒に体験するなかで苦手意識を克服し，目を輝かせて楽しんでくれます．

　友の会という組織もあります．博物館の友の会は，より深く利用し学びたい人びとのために作られた会員制のグループですが，一口に友の会といっても博物館によって形態はさまざまです．入館料などの優遇措置や刊行物が届くような特典が中心の友の会もあれば，独自の行事を博物館の協力を得て実施することを主とした友の会もあります．伊丹市昆虫館の友の会は後者に近い形態で，屋外での観察会や講習会，泊りがけで昆虫採集や標本作りを行う合宿などの独自の事業を，博物館のスタッフと協力して開催しています．会員の有志による役員がおり，事業は役員と学芸員らで運営委員会を開催して相談します．友の会の行事には会員しか参加できないため，おのずと毎回似たようなメンバーが顔をあわせることになります．それがこの会のよいところで，行事の参加を通じて生き物に深く親しむだけでなく，学芸員やほかの会員と親しくなり，なかまが増えていくことが魅力です．博物館にとっても友の会の人びとは一過性の利用者ではなく，ともに学びを深めるなかまとなっていくことが多く，博物館の活動を支えてくれる存在となっています．

　そのほかにシンプルな教育系の活動として，一般の方からの質問への対応もしています．伊丹市昆虫館には，電話，インターネット，直接の来館とさまざまな形態で年間およそ600件もの質問が来ます．内容も，捕まえた虫の種類を知りたい，飼育の仕方を教えてほしい，害虫の駆除の仕方を知りたい，などさまざまです．わかることはその場で回答し，そうでない場合は回答できそうな機関を伝える，またはほかの研究者に問い合わせて回答することもあります．そのさいに大切にしていることは，可能な限り回答するだけにとどめないということです．来館者からの質問には，図鑑などの参考書を一緒に開いて，見てもらいながら回答します．そうすることで調べ方を知ってもらい，自分で継続的に調べることにつなげたいと考えているのです．また，昆虫館にもかかわらず昆虫以外の生き物，たとえば鳥や植物，カメやカタツムリについての質問もあります．回答できずほかの施設を紹介することも多いのですが，それでよいと思っています．生き物のことで困ったさい，または疑問があったさいにどこ

に聞けばよいのかわからない人は多いのではないでしょうか．そんなときに適切な場所をガイドするのも，利用者に直接対応する学芸員がいる博物館の役割であり，困ったときに頼りになる存在として思いついてもらえることが大切だと考えています．

地域コミュニティにおける活動――「鳴く虫と郷町（ごうちょう）」

（ⅰ）「鳴く虫と郷町」とその経緯　伊丹市昆虫館は周辺地域の人びとに対し，館外に出かけてさまざまな活動をしています．観察会などへの講師派遣，地域にある自然観察グループへの協力，出張展示，市民参加型調査などです．それらのなかでもほかにない事業が，地域の人びととともに開催している「鳴く虫と郷町」です．ここでいう「鳴く虫」とはスズムシやキリギリスのなかまの昆虫のことで，日本では秋に虫の鳴き声を楽しむ習慣があります．「鳴く虫と郷町」はその習慣を現代風にアレンジしたイベントで，2006年から毎年開催しています．9月に約10日間，市街地全体を会場としておよそ3,000匹の生きた鳴く虫を展示し，そこで多様な展示やイベントを行います．暑い夏が終わり，秋の訪れを楽しむことと，地域の人びとが自分たちの街を再発見して，好きになってもらうことが目的です．

　この事業のもとになったのは，伊丹市昆虫館で毎年秋に開催してきた企画展「秋の鳴く虫」です．この展示では生きた鳴く虫を見るだけでなく風情のある環境で声を楽しんでもらい，展示を見終わったあとに自ら野外で聴いて秋の訪れを感じてもらうことをねらいとしていました．この企画展を見た同じ市内の文化系財団の職員より，中心市街地に残る約300年前に建てられた酒蔵の建物で虫を展示しようともちかけられたのが，この事業のはじまりです．歴史ある建物は展示室より雰囲気のよい展示ができそうだという理由と，中心市街地での事業は多くの市民に対しての活動が可能であると考えて，申し出を受け開催することにしました．酒造りで栄えた市街地の呼び名が「伊丹郷町」であるため，「鳴く虫と郷町」という事業名になりました．

（ⅱ）会場のようす　最初に開催し，その後も中心会場となっているのは伊丹郷町館という名で一般公開されている，江戸時代に建てられた酒蔵と店舗の建物です．ここに約15種の生きた鳴く虫たちを竹かごや壺などに入れて展示し，来場者はその声を楽しむことができます．同じ会場内では，市内の博物館や団体が地域のお月見のしつらえや秋の七草など，秋の習慣についての展示を

行います.

　この会場の涼しげな雰囲気と虫の音が評判を呼び，徐々に市街地の通りや広場，そして商店街へと会場が拡大しました（図3.2）.それにともない，事業に参加する施設や組織も増えてきました.現在では,博物館,科学館,図書館,ホールなどの市内施設,商店街,郵便局や銀行,NPO,市民グループなど30ほどの事業者や団体,そして多くの市民が,ゆるやかな連携をとりながら開催しています.市街地ではおよそ100の店舗が虫の展示に参加し,街を歩くとちらほらと虫の声が聞こえる,という状態となりました.週末の夜には商店街の有志が手作りの行灯で通りのライトアップを行い,幻想的な雰囲気のなか来場者が街歩きを楽しみます.商店のなかには,期間限定で虫にちなんだ独自のメニューや商品を販売する店や,展示を凝ったディスプレイにする店もあります.これにより来場者の満足度向上と中心市街地内での回遊性が高まっています.虫を展示する商店は期間中に飼育作業が負担となりますが,飼育をきっかけに来場者とのあいだで,もしくは商店どうしで会話が弾むことが楽しみとなっている面もあります.虫は商店にとって,人びととのコミュニケーションツールにもなっています.

　多くの来場者は展示だけでなくイベントを目当てにやってきます.イベントの種類はバラエティに富んでいて,昆虫に関する事業とは思えないほどです.虫が鳴くなかで開催される音楽ライブはさまざまなアーティストが参加し,い

図3.2　「鳴く虫と郷町」で鳴く虫を展示する広場のようす

くつもの会場で行われます．声を楽しみながら天体望遠鏡で星を見る会，街歩き，市民団体や商店によるサイエンスカフェや，折紙，お茶会，ラジオ体操，講演会，飲食などの催しも行われます．これによって，季節感を味わう，文化を楽しむ，自然のことを知る，街の面白さに気づくなど，多様な楽しみ方を提供しています．

準備にも地域の人びとを巻き込んでいます．野外での採集や虫をかごに入れる作業などもイベント化することで，主催者の労力を分散させつつ，市民の参加性を高めています．展示に多くの数を必要とするスズムシの繁殖には里親制度を設けており，展示するスズムシのほとんどは里親が繁殖させたものです．これらの活動は，事業を短期間だけではなく長期に渡って人びとに楽しんでもらう効果や，参加を通じて事業を自分ごととして捉えてもらい，主体的に事業を楽しんでもらうこともねらっています．

運営はおもに文化系の財団が全体のまとめ役，伊丹市昆虫館は虫の手配や専門的情報を担当していますが，近年は事業に関わる商店主や市民が増え，彼らとのゆるやかな連携のなかで，ともに計画し，実行しています．各展示やイベントは名乗り出た団体が自ら企画し実行するという負担を集中しないやり方によって，多くのイベントの開催が可能になりました．秋や虫にちなんでいれば内容に制限がないことが，バラエティに富んだ内容のイベントが開催される要因でもあります．

（ⅲ）来場者の反応　　2016年度の期間中に展示会場やイベントに参加した人の数は，のべ2万人以上です．アンケートによると，回答者の半数以上が市内や近隣の人びとです．具体的なコメントでは，昆虫に対する評価ばかりでなく，むしろ季節を感じる風情がある事業になっていることや，街や地域を高く評価する意見が多くみられました．この結果は昆虫の博物館でありながら文化的な側面の事業が可能であることや，博物館が地域づくりの一員としての役割を果たせていることを示していると考えています．

また，毎年参加している商店主たちは，年々虫の飼育が上達するうえに，開催まで気づくことのなかった，野生の鳴く虫の存在にも気づくようになってきています．地域の人びとも，鳴く虫といえばスズムシしか知らなかった人が多いなかで，「私マツムシの声がいい」「クツワムシはうるさいけど楽しいよね」といった声が聞かれるようになりました．そのように地域の人びとが育つこと

は，自然史系博物館の教育事業としても評価できる成果だと考えています．

（iv）「鳴く虫と郷町」における伊丹市昆虫館の役割　「鳴く虫と郷町」は伊丹市昆虫館の来館者増に寄与したようすはありません．しかし普段の来館者は市民以外が過半数で子どもが中心であるのに対し，「鳴く虫と郷町」では地域の人びとが多く，年齢層も大人やシニア世代の方が多いのです．この事業は来館者とは異なる層の人びとに博物館の事業を提供できる貴重な機会となっています．また「鳴く虫と郷町」において伊丹市昆虫館の果たしている役割は，昆虫の準備や展示を通じて人びとがイベントの参加や実施，街歩きなどさまざまに街を楽しむことができる舞台装置を用意しているようなものだと考えています．博物館の機能を地域の人が地域を好きになるために役立てているのです．

　「鳴く虫と郷町」は博物館が地域へと出たことで多くの人びとが加わり，なかまとして一緒に考え，動いてくださったことで成長してきた事業です．そして地域の人びとは，街の事業はいろいろあるけれど，「鳴く虫と郷町」だけはほかの街にはまねできない，伊丹市昆虫館があるからできる事業だと励ましてくれます．博物館の存在が鍵ではあるもののそれは一部にすぎず，地域の人たちが支え，大切に育ててくれたからこそ，今の「鳴く虫と郷町」があるのです．

（v）自然科学と接する機会としての「鳴く虫と郷町」　「鳴く虫と郷町」は，博物館や生物という枠にとどまらない多面性のある事業に成長しました．その一方で，人びとが自然や科学と出会う，または再発見する場としても機能してきました．そのさいに重視したのは，実物に接する機会を作ることです．都市部の人びとにとって昆虫は接する機会が少なく，身近な存在ではありません．虫好きの子どもでさえ，博物館などの場で初めて生きたクワガタムシに触ることが珍しくないのです．この事業の優れている点は，市街地に実物を持ち込み，生物にこだわりすぎない内容にしたことにより物理的，心理的ハードルを下げ，あらゆる人びとに実物と接する機会を作り出したことです．

　イベントのなかには学芸員による解説や，里山の現状を学ぶ催しもあります．しかしそのようなイベントに参加しなくとも，会場のあちこちで鳴く虫が展示され，普段目にしない生き物の実際の姿を見たり声を聴いたりできます．また，ほとんどの来場者が訪れる中心会場の伊丹郷町館では，昔ながらの建物の中で虫の声が響きます．来場者アンケートでの「風情がある」「虫の声が心地よい」などの意見は，日本文化の形成に昆虫が大切な役割を果たしたことに気づいて

もらう機会としても機能したと考えることができるでしょう．さらに，展示昆虫の採集や飼育，里親による繁殖などの運営面に地域の人びとが関わる機会も提供しています．人びとは事業への参加を通じて，地域の自然環境の現状，昆虫の生活史，生物多様性保全に配慮した昆虫の扱い方などを知る機会を得ます．駅から近い河川敷に多くの昆虫が生息していることに驚く人もいれば，生物多様性の考え方を知り，飼育下のスズムシを可哀想だからと容易に放してはいけないことにとまどう人もいます．地域の活動に関わりながら，知らず知らずのうちに自然科学的な視点に触れる機会となっているのです．

今後も，本事業を人びとが自然に接し，文化のなかでの生き物の大切さを実感する機会として，一過性の事業ではなく地域の定番行事として定着させていきたいと考えています．それとともに，イベント運営や里親などのような，来場者ではなく事業の担い手として関わる人も増やしていきたいと考えています．地域の人びとに「自分ごと」として地域の自然を捉えてもらい，日常的に身の回りの自然に目を向けその変化に関心をもち続けてもらいたいからです．

3.1.3　おわりに──地域の一員として活動する博物館

博物館にあるおもな資源は，資料と学芸員などの専門職員です．実際に資料を目の当たりにし，それを扱う学芸員らと直接，または展示などを通じて交流することで，人びとにリアルな情報を得てもらうことができます．地域の博物館にはそこにしかない資料や情報があります．それを用いて地域の人びとに地域のことを深く知ってもらい，日常生活に役立てるとともに地域への愛着を深めてもらうことが博物館の役割です．

「鳴く虫と郷町」の取り組みを通じて私たちが学んだのは，地域に根ざした博物館として，自らが地域の一員という意識のもとに機能や専門性を役立てることの大切さです．博物館を取り巻く状況は厳しく，来館者を確保することは重要な課題です．しかし来館者が増えて博物館が繁栄することよりも，人びとの暮らしが豊かに継続し，未来に続いていくこと，その助けとなるほうが大切な役割で，そのために博物館の機能や専門性はあるはずなのです．それは，人びとが活躍する舞台づくりに博物館の資源を使うと言ったほうが適切かもしれません．

博物館と，関わる人びととの関係は，あるじと客の関係にはとどまりません．

博物館を日常的に利用して学芸員とともに活動する友の会会員や，「鳴く虫と郷町」に関わる地域の人びとは，博物館にとってはただの客でも教える対象でもなく，大切ななかまです．地域で活動する博物館はコミュニケーション能力もさることながら，その機能と専門性を磨き続けることによって，人びとに認められ，地域をともに楽しみ学ぶ存在になっていくことができるでしょう．

（坂本 昇）

3.2 ジャーナリズムとサイエンスコミュニケーション

3.2.1 ジャーナリズムとは何か

　「ジャーナリズムとは，報じられたくないことを報じることだ．それ以外は広報にすぎない」という警句があります．イギリスの作家でジャーナリストのジョージ・オーウェルの言葉として日本でもウェブで出回っていますが，彼のどの著作に書かれているのか，出典はどこにも書いてありません．

　調べてみると，アメリカの新聞ニューヨークポスト紙が1999年にこれをオーウェルの言葉として紹介したことがわかりました．しかし，おそらくこれはほかの人の似たような言葉をオーウェルのものと取り違えた可能性が高いと判定されています．少なくとも，オーウェルが書いた，あるいは言ったという確実な証拠はありません．しかし，『1984年』や『動物農場』の作者として名高い彼のものとされたことで，この言葉は人びとの目を引き，繰り返し引用されました．現代日本では，おそらく2015年に日本外国特派員協会が「報道の自由推進賞」の受賞者を発表したとき，プレスリリースの冒頭でこの警句を紹介したのがきっかけで広まったと思われます．文学好きには知られていないのが興味深いところです．日本オーウェル協会というオーウェル文学を研究する団体がありますが，そこに問い合わせましたら，メンバーのみなさんは「知らない」とのことでした．

　オーウェルの言葉でないにせよ，似たような文言はジャーナリズムの世界で語り継がれてきました．「取材先の言うなりになるな」という戒めとして，です．

取材先とは緊張感のある関係を保つのがジャーナリストとしての基本です．しかし，だからといって私はこの警句に全面的には賛同できません．ジャーナリズムかどうかは取材先の気持ちで決まるものではないと思うからです．最重要視すべきは読者です．取材先が報じてほしいと考え，読者も報じられたことを喜んでいる記事は，実際にたくさんあります．それをジャーナリズムでないというのはおかしい．

また，広報を担当している人たちにとっては，きっと広報が下に見られているように感じて気分が悪いでしょう．「広報」は英語では public relation，略して PR です．日本では PR というと宣伝という意味になりますが，「宣伝」の英語は propaganda もしくは advertisement です．public relation とは社会と関係を作ることで，社会になくてはならない大切な活動です．

では，ジャーナリズムとは何なのでしょうか．「第三者の立場でニュースを報じること」と定義すればよさそうに思いますが，ニュースとは何かの定義も簡単ではありません．

かつては報道機関が取り上げるものがニュースである，と位置づけることができました．しかし，ツイッターなどで個人が自由に発信し，それがときに大変な勢いで拡散する現代では，その位置づけもあやしくなっています．

とはいえ，インターネットの中にとどまっている情報は，インターネットを見ない人には届きません．つまり，ないのと同じです．不特定多数の人に情報を届けるには，やはり新聞やテレビといった報道機関の力が必要です．情報を社会に広く届ける役割を果たしているのが報道機関です．

しかし，たんに広く届けることがジャーナリズムでしょうか？　大切なのは，どんな情報を届けるかです．その取捨選択の判断には「使命」が必要です．「民主主義社会を守る」「苦しんでいる人の声をすくい上げる」「不正を見逃さない」「国内だけでなく世界の動きを伝える」といった使命です．

ただ，使命感にかられるあまり，自分こそが正しいと思ってしまわないように気をつけなければいけません．いずれにせよ，ジャーナリズムのあり方は多面的で，一言では定義できないものです．ですが，できるだけ短くまとめてみましょう．「誰におもねることもなく，社会にとって必要な情報，あるいは，よりよい社会を築くための知恵や意見を，手間をかけて集め，わかりやすい表現で広く伝えていく」——これが，私が考えるジャーナリズムの定義です．

3.2.2 ジャーナリズムの歴史

　ジャーナリズムという言葉は，ラテン語のディウルナ（日々の刊行物）が語源です．日々の出来事の記録がジャーナルで，その仕事をする人をジャーナリストと呼びました．

　世界で最初の日刊紙はドイツのライプツィヒで17世紀半ばに生まれました．15世紀半ばにグーテンベルクが活版印刷術を発明してから約200年後です．この「ライプチガー・ツァイトゥング」にはおもに外交や外国の出来事が載っていましたが，技術と科学の話も入っていました．

　17世紀半ばといえば，ちょうど近代科学が確立する時期です．ニュートンの『プリンキピア』の発刊が1687年です．実は，定期的に発行される雑誌は，17世紀後半に新しい科学の成果を伝えるものとして生まれました．フランス，イギリスで同じ年に，3年遅れでイタリアでと相次いで学術雑誌が誕生したのです．現代の学術雑誌はジャーナリズムとは別のものと捉えられていますが，当時はどちらも未熟で未分化でした．初期の定期刊行物はジャーナリズムの原型と言ってよく，それが近代科学に牽引されて生まれたことをぜひ知っていただきたいと思います．

　一方，ジャーナリズムの発展には別の流れもありました．大きな役割を果たしたのが市民革命です．自分自身の暮らしに大きな影響を及ぼす事態が進行しているとき，最新の状況を知りたいと思うのは誰しも同じでしょう．革命のときには刊行物の発行人も読者も飛躍的に増えました．1789年のフランス革命時には250以上もの新聞や雑誌が発刊されていたといいます．さまざまなグループが自分たちの主張を広めようと新聞や雑誌を作る．人びとはそれをむさぼり読み，さらに変革の機運が高まる，というような循環ができていました．『レ・ミゼラブル』の作者ヴィクトル・ユゴーは「もし新聞がなかったら，フランス革命は起こらなかっただろう」という言葉を残しています．

　明治維新のときも同じような状況でした．天下国家を論じる「大新聞」がさかんに発行され，やがて娯楽記事を主体とした庶民向けの「小新聞」が登場しました．そこへ，そんな棲み分けは無意味だと新しい発想の新聞「時事新報」を創刊したのが慶應義塾大学の創設者・福澤諭吉でした．時事新報は自他ともに日本一と認める高級紙になりましたが，創刊54年後の昭和11（1936）年末

に休刊します．軍人によるクーデターである二・二六事件が起きた年です．

このあと，日本は戦時体制へと突き進み，自由な報道ができなくなっていきます．政府は1938年には国家総動員法を制定して，政府の検閲を経たものでなければ新聞に掲載できないようにしました．真珠湾を攻撃して太平洋戦争に突入したのはその3年後で，大本営（政府）発表だけが紙面に載るようになり，日本は1945年に敗戦します．

新聞各紙は戦争に加担したことを深く反省しました．同時に「報道の自由」という価値観がアメリカから入ってきて，民主主義国家にはこれが不可欠だと教えられました．

私は1979年に朝日新聞社に入社しました．そのときもらった社員手帳には，昭和27（1952）年に制定された「朝日新聞綱領」が載っていました．

一．不偏不党の地に立って言論の自由を貫き，民主国家の完成と世界平和の確立に寄与す．
一．正義人道に基いて国民の幸福に献身し，一切の不法と暴力を排して腐敗と闘う．
一．真実を公正敏速に報道し，評論は進歩的精神を持してその中正を期す．
一．常に寛容の心を忘れず，品位と責任を重んじ，清新にして重厚の風をたっとぶ．

言葉遣いがいささか古めかしいですが，新聞は個々の政党とは距離を保ちつつ（これが「不偏不党の地に立って」の意味です），「民主国家・日本」の完成と世界平和に貢献するという宣言です．戦争はもうこりごりと考えていた国民の気持ちにも合致したと思われます．

朝日新聞の戦前の発行部数は300万部台でしたが，1962年には400万部を突破します．経済成長とともにさらに部数を増やし，66年には500万，71年には600万，76年には700万，88年には800万部を突破しました．ほかの全国紙も同様に部数を急拡大させました．県を代表する県紙や県をまたがる地域で広く読まれている地域ブロック紙も部数を伸ばし，日本全国どの家庭にも毎朝新聞が届くのがあたり前の風景になりました．それを実現させたのが，各家庭まで新聞を配る日本独自の宅配制度であったことは疑いありません．

こうして日本は世界でも有数の新聞大国となりました．朝日新聞が800万を超す部数を誇っていたときに，アメリカのニューヨークタイムズは100万部程度であり，全国紙であるUSAトゥデイも200万部程度だったという数字を知ると，日本の新聞がいかに大きな存在だったか理解できるでしょう．

3.2.3 日本の新聞における科学報道

朝日新聞に常設の科学面ができたのは1953年です．当時は学芸部に科学担当記者が2人いるだけでした．1957年になると東京本社に科学部が創設されました．部長1人，デスク1人，部員4人という陣容でした．次第に科学のページが増え，また健康や医療に関する記事も科学部員の仕事とされて部員が増えていきます．1983年には大阪本社にも科学部ができ，科学部員は全社で20人を超えます．

多数の科学記者や医学記者がいるというのは，日本の全国紙ならではの特徴です．それは巨大部数を発行する新聞社だからこそ可能になったことであり，海外の新聞社ではできないことでした．ただし，欧米にはフリーランスで書く人が大勢いて，その記事を載せる仕組みができています．新聞社の役割が日本とは違うと理解すべきでしょう．

初期の科学部が担当していた二大テーマが原子力と宇宙開発でした．その後，札幌医科大学での日本初の心臓移植手術（1968年），東北大学での日本初の体外受精児の誕生（1983年），チェルノブイリ原発事故（1986年），阪神・淡路大震災（1995年）といった大事件が起こるのに歩調をあわせるようにして，科学部の守備範囲も広がってきました．

ニュースを追いかけ，解説記事をすばやく書くのは科学記者の主たる仕事ですが，ニュースとは離れて科学と親しむための記事を載せるページも作られました．たとえば1984年から3年続いた「ヤング&サイエンス」というページは若者向けに科学のわかりやすい記事を載せるページでしたし，2002年にスタートした「ウィークエンド科学」は週末に気楽に読んでもらえる科学記事を目指しました．この発想は，現在も週末版「be」に引き継がれています．

一方，研究所や大学が広報体制を強化してきたこともあって，昔なら「一般読者には関心がない」と切り捨てられていたような基礎的な研究成果も近年は記事化されるようになりました．2000年以降に日本人のノーベル賞受賞者が

続出したことも，基礎科学の記事が載るのを後押ししました．

「ネイチャー」や「サイエンス」などからは毎週，プレスリリースが新聞社に届きます．朝日新聞では，当番デスクが内容をざっと見て，記者たちに振り分けます．担当記者はニュース価値を考え，専門家の意見を取材し，掲載に値すると判断したら記事を書きます．しかし，書いたものがすべて紙面に載るわけではありません．紙面には限りがありますから，記事を出した日にほかにどんな記事が出てくるかによって採用か不採用かが決まります．不採用になることを「ボツになる」というのは，みなさんもきっとご存じでしょう．

朝日新聞デジタルに登録すると，紙面に掲載された記事がそのままの形で読めるとともに，デジタル用に書かれた記事も読めます．紙面と違ってウェブの世界は限りがありませんので，長い記事を載せることも可能です．ただ，今度はそこでいかに読んでもらうかが課題になります．「ウェブのどこかに載っています」では，結局，読者には届かないからです．パソコンやスマートフォンの画面の面積には限りがありますから，最初に見てもらえる画面をどのように組み立てるかも重要になります．

いま，新聞社はどこもウェブへの移行をどうやって進めたらいいのか悩んでいます．部数が減ってきているとはいえ，日本ではまだまだ紙で新聞を読む読者も膨大にいます．その読者を大切にしつつ，ウェブの世界でどのように地歩を築くか．めまぐるしく変化するウェブの世界で，新聞社の試行錯誤は当面続くでしょう．

3.2.4　サイエンスコミュニケーションから見た科学記事

「サイエンスコミュニケーション」とは，大変意味の広い言葉だと思います．新聞の科学記事もサイエンスコミュニケーションの一つであることは疑いありません．ここでは，いくつか私が書いた新聞記事を紹介し，サイエンスコミュニケーションの観点から解説を試みたいと思います．

早さとタイミングが大事

2011 年 3 月に福島第一原発事故が起きたあと，放射線はどのぐらい健康に悪影響を及ぼすのか，誰もが不安を募らせました．編集委員だった私は一刻も早く正確な情報を記事にしようと思いました．公開されている研究報告書を読み，専門家に取材して 2011 年 4 月 7 日朝刊の科学面に掲載したのが「放射線

	広島・長崎の被爆者の長期調査でわかったこと
がん	平均で200ミリシーベルトの放射線を受けた人たちのがんリスクは1.1倍になった。通常、30歳から70歳までにがんになるリスクは30%。被爆が30歳なら、33%になる
白血病	日本人で生涯で白血病になるのは千人のうち7人。平均200ミリシーベルトの放射線を受けた人たちでは千人のうち10人に上がった
胎児への影響	妊娠8～15週で200ミリシーベルト以上浴びた場合、知的障害児が生まれる率が浴びた量の増加とともに増えた。16～25週だと500ミリシーベルトを超えてから影響が出た。0～7週、26週以後は、影響がなかった
遺伝への影響	被爆した親から生まれた子どもの健康状態は、被爆していない親から生まれた子どもと変わらなかった

図 3.3 広島・長崎の被爆者の長期健康調査結果のポイント

[提供 朝日新聞社]

の影響，追跡 60 年 広島・長崎調査，世界の防護策の基礎」という記事です．

「放射線は人体にどんな影響を与えるのか．広島・長崎の被爆者たちの健康調査で多くのことが分かっている．大きな犠牲から得られたデータは，世界の放射線防護対策の基礎となっている」という前文で，広島の放射線影響研究所の長期健康調査の結果をまとめました．そのエッセンスは記事に添えられた表（図 3.3）で尽くされています．

この調査結果は以前から公表されているものです．しかし，ほとんどの人は知らなかった．関心をもっていなかったからです．福島第一原発事故が起きて急激に関心が高まったとき，タイミングを外さずに情報を提供するのは，サイエンスコミュニケーションの観点から大事なことだったと思います．

「偉い人」の言うことを鵜呑みにしないことが大事

2012 年 2 月 1 日朝刊の「記者有論」という欄に掲載された私のコラムを全文引用します．

　　鳩山さん　ネイチャー論文ヘンです　高橋真理子
　　　鳩山由紀夫元首相と平智之衆議院議員（民主）による英科学雑誌「ネイチャー」への寄稿「福島第一原発を国有化せよ」は，日本の政治家が世界に発信した極めて珍しい例だった．

さぞ，多くの科学者が目を通したと思う．だが，中身を読んで首をかしげる人が多かったのではないか．何しろ，科学に基づかない記述が目につくのである．

　12月15日号の「コメント」欄に載った論考は，再臨界と核爆発とメルトダウンの可能性を論じ，東電の情報公開の不十分さを指摘．情報を得るためには福島第一の国有化が不可避だと訴えている．

　英国議会には科学や技術についての報告をまとめる科学技術局という組織がある．1月に来日したデイビッド・コープ局長は「ストレンジ（変わっている）」と評した．

　コープさんは「水素が存在して水素爆発が起きた．なぜ核爆発を議論するのか理解できない」といい，国有化すべきだという主張には「一番重要なのは独立した強い規制機関を持つことだと思う」と，やんわり反論した．

　再臨界とは，核分裂の連鎖反応が続く状態が再び現れることだ．3月下旬に東京電力が塩素38という放射性物質を検出したと発表したとき，盛んに論じられた．塩素38の存在は再臨界を示すからだ．

　しかし，専門家から「ありえない．東電の測定が間違っていると断言できる」といった指摘が相次ぎ，結局，東電がデータを見直して測定ミスだったと認めた．

　それに対し論考は「我々は東電のデータを入手して再分析し，確かに最初の報告のレベルで塩素38が存在したと結論づけた」と書いている．それだけで根拠は書いてない．

　主張の是非以前に，根拠を示さず結論だけ書くやり方が科学のルールに反する．

　核爆発が起きていた可能性をしきりに論じているのも不可思議だ．「核爆発」という言葉をどういう意味で使っているのかはっきりしないのだが，普通は核分裂の連鎖反応が原爆のように一気に進むことを指す．それなら，原子炉容器が吹っ飛ぶはずで，外に出る放射性物質の様相も今とは相当違ってくる．

　ネイチャー編集長による巻頭論説は，日本政府が科学アドバイスを受ける仕組みがないことを問題にしている．日本には英国議会科学技術局のような組織もない．それらの必要性を鳩山論文そのものが如実に示している

と思う．

　元首相が権威ある科学雑誌『ネイチャー』に寄稿したとなれば，多くの人はその主張を「鵜呑み」にするのではないでしょうか．「偉い人」とか「立派な雑誌」といった権威に惑わされることなく，科学の視点から論じることがサイエンスコミュニケーションではひときわ求められています．

データが大事
　医療用麻薬は，私が駆け出しの科学記者だった頃から関心をもってきた問題です．がんの痛みを軽減するにはモルヒネなどの医療用麻薬が効きます．しかし，日本人には「麻薬は怖い」という気持ちが強く，一方で医療側の痛み除去への関心も低いために，痛みに苦しむままの人が多いという記事を 1980 年代に書きました．以来，何度かこの問題を取り上げましたが，日本の状況は少しずつしか変わりません．根拠のない思い込みや無理解のために苦しむ人が多い状況を何とか変えたいと，総まとめのつもりで 2016 年 9 月 3 日の週末版 be に掲載したのが「賢く使いたい，医療用麻薬」という記事です．
　前文は以下のようになっています．

　　　麻薬と聞くと，中毒患者の悲惨な姿が思い浮かぶ．対策には国際協力が必要と，国際連合に麻薬統制の権限を与える条約ができたのは 1961 年だ．ただし，条約には「医療上の麻薬は痛み治療に不可欠」とも明記されている．禁止と使用，両方とも求められるのが麻薬なのだ．一筋縄ではいかない麻薬との向き合い方を探った．

　この記事のポイントはインフォグラフィックです（図 3.4）．このための写真集め，データ集めに相当の労力を割きました．モルヒネ，マリファナ，コカインといった薬物の違いをわかりやすく示したものはどこにもなく，専門家に一つひとつ確かめながら表にしました．
　日本の消費量がカナダやアメリカに比べて大幅に少ないということは何度も言われてきたのですが，「使いすぎてもよくないのでは？」という疑問を私はもち続けていました．必要量と消費量を比べた世界保健機関（WHO）の論文（2014 年）があると専門家に教えてもらったときは，「これこそ求めていたデー

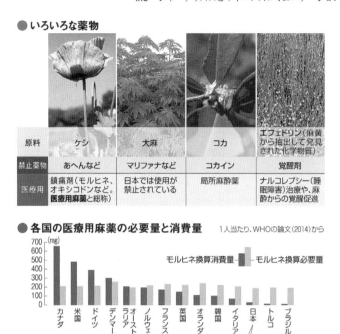

図 3.4 「賢く使いたい，医療用麻薬」の記事につけられた
インフォグラフィック

[提供 朝日新聞社]

タだ！」と心が躍りました．これを見やすいグラフにすることで，日本は医療用麻薬をもう少し使ったほうがいいとわかってもらえたと思います．

サイエンスコミュニケーションにおいて，データをわかりやすい形で示すことは大変に重要です．

面白がることが大事

記事を書くときは，面白がることも大事です．読者に楽しんでもらえる記事を書くには，まず自分が「面白い」と思えるネタを見つけなければいけません．私自身がとても面白がって書いた記事の一つに数学者の秋山仁さんの新発見を

紹介した大型記事（2012年4月30日朝刊科学面）があります．

　発見された立体幾何学の定理もユニークで面白いのですが，その発見の過程がまた面白い．きっかけを作ったのは，山口県在住で中学校に木製の正多面体セットを贈る活動をしている中川宏さんで,「立体を切ったりつなげたりゴチョゴチョやって」見つけたことを，以前から立体の名前などを教えてもらっていたアマチュア数学者の佐藤郁郎さんに連絡します．佐藤さんは仙台市で病理医として働いており，秋山さんの「老後は数学を学べ」というコラムを読んで励まされてせっせと研究成果をウェブに発表してきたという人です．佐藤さんが秋山さんを引き込み，こうしてプロとアマの協力で思いもしなかった定理が見つかったのでした．

記事によるコミュニケーションの限界

　2011年4月7日朝刊に放射線の健康影響をまとめた記事が掲載されてからも，放射線に対する冷静な理解は広がりませんでした．むしろ，冷静に考えようと発言した専門家たちは「御用学者」と指弾され，健康への悪影響を過大に言い立てる人たちの主張が大手を振ってまかり通りました．

　この状況を看過できないと書いたのが，2012年4月17日朝刊「記者有論」に掲載された「女性と放射線 心配しすぎる必要はない」です．

　心配になる気持ちはよくわかるけれども，過去の論文や学術報告を見ると今回の原発事故で遺伝的影響を心配するのは無用と思えると書きました．国際放射線防護委員会（ICRP）2007年報告は遺伝的影響を1,000ミリシーベルトあたり0.2％としていること，福島県による1万人調査では住民の外部被曝はほとんどが20ミリシーベルト以下，圧倒的多数は2ミリシーベルト未満で，内部被曝はさらに小さいことを紹介し，「女性たちが人生の選択を自ら狭めないよう，また周囲にも偏見が生まれないようにと強く願う」と締めくくりました．テレビで「将来結婚できないかもしれない」とインタビューに答える福島の若い女性を見て,「そんな心配をする必要はサラサラない」と伝えたかったのです．

　このコラムに対しては，抗議の電話も「よく言ってくれた」という電話も両方かかってきました．ネットの世界で「御用ジャーナリスト」とレッテルを貼られるのは予想されたことであり，それに対しては「スルー」しました．真面目な抗議の手紙には私も真面目に返事を書きました．いずれにせよ，きわめて大きな反響を呼んだことに，私は改めて新聞の力を確認しました．

しかし，予想外の現実を私はそのほぼ1年後に突き付けられました．東京で開かれた女子学生向けのイベントに福島の女子高校生たちがまとまって参加してくれたので，グループ討論のときに私は記事のコピーを配って女子高校生たちの意見を聞きました．すると，「お母さんはこういう記事は読まない．安全だと書いてあると，もう最初から拒否する」と一人が言いました．みんなが「そうそう」と首を縦に振っています．

これは大変ショッキングな出来事でした．私が一番届けたいと願っていた人たちに，私の記事はまったく届いていなかったのです．当の高校生たちは，そういうお母さんたちを批判的に見ていたのが救いではありましたが．

この件で学んだのは，サイエンスコミュニケーションは「書いたもの」だけでは不十分だということです．会って，話をする．それも打ち解けた雰囲気で自由に思ったことを語りあう．そうしたコミュニケーションをしなければ伝えようのないものがあるのです．

新聞記事は多種多様ですが，どの記事にも共通するのは少ない文字数で要点を伝えていることです．サイエンスコミュニケータには，その利点を活用するという視点で新聞を読んで欲しいと思います．さらに，新聞の科学記事を活用するコミュニケーションがさまざまな場面でもっと増えるといいと願っています．

〔高橋真理子〕

◯ 引用文献 ◯

3.1
1) 伊藤寿朗，「現代博物館論——現代博物館の課題と展望」，長浜 巧 編『現代社会教育の課題と展望』，pp.233-296，明石書店(1986)．
2) 浜口哲一，『放課後博物館へようこそ——地域と市民を結ぶ博物館』，地人書店(2000)．

多様なサイエンスコミュニケーションを生む「科学のお祭り」

　サイエンスコミュニケーション——その言葉が含む範囲の広さに戸惑いを感じる方も多いでしょう．本書に書かれているように，サイエンスコミュニケーションは参加者が数人から数万人のものまで，規模だけみても多様です．ここでは大規模サイエンスコミュニケーションイベントの代表であるサイエンスフェスティバル（科学祭），とくに私が以前の職場で携わっていた「千葉市科学フェスタ」について紹介します．

　日本の科学祭の先駆けは 2006 年からお台場で開催されている「サイエンスアゴラ」です．その後，より地域に根ざしたかたちで「東京国際科学フェスティバル」，「はこだて国際科学祭」が始まり，その数はだんだんと増えています．

　サイエンスフェスティバルにはいくつかの特徴があり，多くの場合，① 地域ぐるみで取り組む，② ヒト・モノ・コトが集い，つながり，生まれる場を目指す，③ すべての世代を対象とする，④ 無関心層を巻き込むきっかけを作り，社会と科学の架け橋となる（これが大事！），⑤「文化としての科学の定着」を目指す，などが共通しているようです．

　千葉市科学フェスタは，「千葉市科学都市戦略」のもと 2011 年にはじまりました．メインイベントは 10 月に行われ，例年 50 を超える団体が参加します．私が最後に携わった 2016 年で第 6 回を迎えましたが，時が経つにつれ発信するメッセージは変わり，イベント内容も変わってきました．たとえば，初年度は震災・復興に関する企画が多かったですが，最近ではロボットや VR など未来志向の企画も増えています．また，地元企業が自社製品を活かした出展をすることで，普段出会わない一般の人びとと交流する場にもなっています．今では秋の恒例行事となり，地域のサイエンスコミュニケーションの入り口になっています．サイエンスコミュニケーションを担う人たちを集結させる場を作り，それを支える組織作りにおいて，牽引役であり要となっているのが科学館の存在です．

　ちなみに，千葉市科学フェスタのメインテーマは「これからの私たち」です．東日本大震災とその後の一連の出来事を受けて，「科学と私たちの未来を考えよう」という想いが込められています．このように科学の面白さや素晴らしさだけではなく，社会や地域のなかにある科学，その付き合い方まで扱うことが，地域のサイエンスフェスティバルの特徴（求められる機能）といえるでしょう．

　サイエンスコミュニケーションで大切なことは「誰もが気軽に参加できること」です．身近になったサイエンスフェスティバルの場で，もう一歩踏み込んだイベントにも参加してもらえるような仕掛け作りが，サイエンスコミュニケーションの担い手に求められています．

〔針谷亜希子〕

はじめよう サイエンスコミュニケーション!

第4章 国立科学博物館の考えるサイエンスコミュニケータ

4.1 サイエンスコミュニケータに求められる資質能力

　サイエンスコミュニケータに期待される資質能力として，先行事例と科学研究費補助金（科研費）による国際比較研究[1]から，① 科学に関する専門性，② 自らが専門家としてその専門性をわかりやすく人びとに伝えるコミュニケーション能力，③ 専門家と人びとのあいだをつなぎ，そのコミュニケーション環境を整えるコーディネート能力，が必要と考えられます（図4.1）．この考えをもとに，国立科学博物館の『サイエンスコミュニケータ養成実践講座』（以下，講座と表記）では，「深める」「伝える」「つなぐ」「活かす」の構成要素からなる養成カリキュラムがデザインされています（表4.1）．
　①の「科学に関する専門性」は専門性を深める態度と能力を意味し，サイエンスコミュニケータにおいてもっとも重要な資質能力です．一般の人びとに研究内容を説明し，理解してもらうためには，まず自らの研究分野の全体像と構造を理解し，徹底的に探究し，研究内容を端的に表すもっとも基本となる概念を見出すことが不可欠です．また，この資質能力は，特定分野に関する専門的な知識だけでなく，研究行為に対する熱意や探究する姿勢を含むもので，それは，一般の人びとに対し職業的な関心や人間的な興味を喚起し，科学研究をより身近なものと感じられる効果が期待できます．講座では「深める」として，大学院生を対象として各講義中と演習中に討議の時間を設けており，ほかの受講生や講師とともに相互に批判しながら，「科学に関する専門性」が養成されます．受講生は「知的ツッコミ」を心がけるようにしています．「知的ツッコミ」は，説明文や解説内容が論理的に正しいかを自問自答したり，受講生どうしで

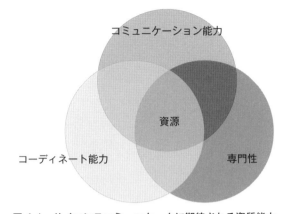

図 4.1 サイエンスコミュニケータに期待される資質能力
[小川義和,"博物館と大学との連携による科学コミュニケーターの養成",平成17年度日本科学教育学会第29回年会(岐阜大学)日本科学教育学会年会論文集, **29**, 89（2005）]

疑問をぶつけてツッコミを入れることです．p.33 と p.148 にその活用例がありますので参考にしてください．

②の「自らが専門家としてその専門性をわかりやすく人びとに伝えるコミュニケーション能力」は科学を人びとに双方向に伝えることを意味します．コミュニケーション能力には，コミュニケーション環境の特性を理解し，効果的に科学を伝え，受け取る能力が要求されます．そのさいには参加者の多様な背景を認識することが重要です．相手の知識，興味・関心，能力に応じて研究内容について説明する能力，実際の対話を通じて相手との共感の形成や相手のニーズを把握する能力，研究成果をさまざまなものごとに結びつけるインタープリテーション，編集，プレゼンテーションなどの能力が必要です．講座では「伝える」として，サイエンスコミュニケーション1（表4.1中，SC1）にて重点的に養います．

③の「専門家と人びとのあいだをつなぎ，そのコミュニケーション環境を整えるコーディネート能力」は，人びとと科学またはそれに携わる者をつなぐことを意味します．コミュニケーション環境を整えるコーディネート能力とは，参加者の学習の複合的側面を認識し，その特性にふさわしい環境を醸成，整備することです．実際の活動や体験を通じて，さまざまな学習資源を結びつけて

表 4.1 『国立科学博物館サイエンスコミュニケータ養成実践講座』の基本デザイン

資質能力	構成要素	講座内容・活動
深める 内容に関する専門性	科学全般に関する興味関心	（講義実践における課題解決過程において習得．大学院生等を対象としていることから，この能力は大学において習得）
	専門領域の科学的知識の理解	
	科学的探究能力	
伝える SC1：コミュニケーション能力	サイエンスコミュニケーションの理解	サイエンスコミュニケーションの文脈性
		サイエンスコミュニケーションの考え方
	コミュニケーション環境の理解	博物館の社会的役割の理解
		博物館の展示の理解
		博物館の来館者の理解
		博物館の資源の活用
	科学の本質の理解	文化としての科学技術
	対話する姿勢	来館者研究，グループディスカッション（相手との共感の形成，ニーズの把握）
	表現能力	サイエンスショーの企画
		サイエンスライティング
		教材製作
		展示解説，インタープリテーション
	説明能力・対話能力（相手の知識・興味関心・能力に応じて教育的に説明し，対話する能力）	課題研究（企画,説明,来館者からのフィードバック，評価）
つなぐ SC2：コーディネート能力（コミュニケーション環境を整える）	専門性の理解	専門性を読み解く
	業務実施能力	講座全体
	企画能力（プログラムを開発し，計画し，表現し，実施する力）	サイエンスカフェ
		企画書の作成
		ワークショップの運営
		リスクマネジメント
	調整能力（コーディネート力，他機関との調整力）	サイエンスカフェ
	プロジェクトの運営能力	外部資金獲得
	コミュニケーション環境の理解	コミュニケーションポリシー
		ファシリテーション
活かす 社会のさまざまな場面で活かす能力	自主的な活動（社会貢献，自らのキャリアパスの開拓）	企業との連携
		フリーペーパーの発刊
		SCグッズワークショップ企画

[小川義和，亀井 修，中井紗織,"科学系博物館と大学との連携によるサイエンスコミュニケータ養成の現状と課題",科学教育研究，**31**(4), 333（2007）をもとに改変]

ワークショップやサイエンスカフェなどの事業を企画し，事業を支える外部資金を導入して実施する企画・運営能力，研究内容とさまざまなものを結びつける調整能力，活動を計画するだけでなく，評価する能力など，総合的な実施能力が問われます．講座では「つなぐ」として，サイエンスコミュニケーション2（表4.1中，SC2）にて身につけることができます．

　講座が目指す資質能力は，開発段階で想定した三つの能力「深める」「伝える」「つなぐ」のほかに，「活かす」能力が必要と判断し，実装段階で加えました．「活かす」は講座で習得した考え方と技能を社会に活かすことを意味し，修了生には講座修了後の自主的な活動を期待しています．

　サイエンスコミュニケータは，サイエンスコミュニケーションを展開する場のコミュニケーション環境の特性を活かし，人びとと科学をつなぐための意識，意欲，知識，技能を相互に関連づけながら成長していくことが求められます．たとえば，博物館は資料の収集，整理・保管，調査研究とそれらの成果を活かした展示や教育活動の各機能をもつ社会に開かれた施設です．博物館はさまざまな経験と知識をもつ来館者が訪れる空間であること，その来館者が博物館の展示物のみならず建物の雰囲気や何気ない会話などの多様な資源を通じて学び，楽しむなど，博物館のコミュニケーション環境と人びとの学びの特性を理解する必要があります．そのうえで，博物館の資源を総合的に活用し，メッセージを構成し，発信する知識と技能，来館者との合意形成や共感を重視する意欲と意識，発信側のメッセージとその受信側がもつ意味との橋渡しをする技能がサイエンスコミュニケータには求められます．

　サイエンスコミュニケータになるには，このような意識，意欲，知識，技能を総合した「つながる知」の創造を目指し，「より深く考え，人びとに伝え，人びとの知をつなぎ，知を社会に還元すること」を心がけることが重要です．

4.2　サイエンスコミュニケーションを実践するうえでの基本的な考え方

　日本においてはサイエンスコミュニケーションが政策的に導入された経緯が

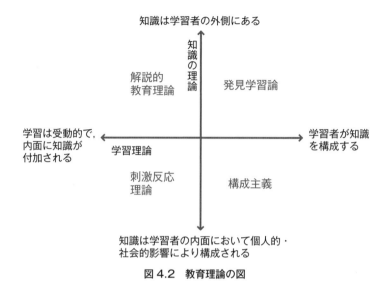

図 4.2 教育理論の図

[G. Hein, "Learning in the Museum", p.24, Routledge(1998); 鷹野光行監訳,『博物館で学ぶ』, p.42, 同成社 (2010) をもとに作成]

あり，発信者である主催側の事業内容などの実績に重きをおく傾向が強かったようです．しかし対話を通じて参加者がどのように理解し，関心をもち，考え，行動したのか，主催者の意識がどのように変わったのかという相互作用の観点からのサイエンスコミュニケーションの目的や意義を考える必要があります．

発信者が受信者側に「視点移動」するという心構えでサイエンスコミュニケーションを実践するとよいでしょう．発信者は受信者のことを考えて情報を発信することが重要であるということです．研究成果を情報発信して，受信者側にどのような影響を与える可能性があるのか．それを理解することがサイエンスコミュニケーションの第一歩です．

たとえば博物館の場合，来館者がどのように展示を見て，解説を聞いて学び，雰囲気を楽しむのか，という問いに対し，さまざまな研究成果に基づく教育理論があります．ここでは博物館において代表的な教育理論を例に，人びとが何かを学ぶときの方法を紹介します．図 4.2 は，四つの教育理論を活用して博物館での学習活動のあり方を説明している図で，学習理論と知識の性質や所在に注目して区分したものです．学習者の外側にある知識を学習者が受動的に受け

入れる教授法を「解説的教育理論」といいます．これは伝統的な教授法で指導者から学習者への情報提供が教授の大部分を占め，知識や文化を次世代に伝える教育理論として有効です．また「刺激反応理論」は，環境が一人ひとりの行動に影響を与えるとする理論で，小さく分けた学習過程で教育する側の期待する反応を強化していく理論です．運動の訓練や基礎的な知識を繰り返し覚えるさいに効果的な教育理論として活用されています．獲得すべき知識が学習者の外側にあり，学習者が主体的に活動して知識を獲得する理論を「発見学習論」といいます．発見学習論は，理科の実験観察のように，学習が帰納的に行われ，学習者の発見により進展するものです．「構成主義」による学習とは，学習者は最初から取り組む対象に対するなんらかの考え方（素朴概念）をもっており，その概念を尊重しながら学習者自身のなかに知識や概念を形成していくという考え方による方法です．これは，まわりの世界と自分のもつ情報，知識，概念などとの相互作用を通じてその情報，知識，概念などを再構成していく過程に重きをおいた考え方に基づいています．こうした四つの教育理論のうち「構成主義」による学習は，サイエンスコミュニケーションの双方向の対話の重要性を裏付ける考え方です．

本書のなかでもたびたび紹介されていますが，サイエンスコミュニケーションが「欠如モデル」と呼ばれる一方向の伝達モデルから双方向の「対話モデル」へとシフトしてきた歴史があります．しかし，依然として，科学的知識を習得するためには，「解説的教育理論」による一方向の伝達モデルが効率的です．これらの理論を場面と目的に応じて使い分けていくことも必要です．

私たちは研究をする場合，研究対象の理論的な仮説をもって行動し，その結果を分析し，理論を改善していきます．これは事業を企画・実施するときも同様です．サイエンスコミュニケーションを実践する場合，その対象，タイミング，環境，伝える内容などに適した考え方（教育理論）と方法を仮定し，それに基づく活動を展開し，相互批判し，継続的に改善することが重要です． （小川義和）

○ 引用文献 ○

4.1
1) 小川義和, "科学コミュニケーターに期待される資質・能力とその養成プログラムに関する基礎的研究", 平成 16 ～ 18 年度科学研究費補助金（基盤研究 B）研究成果報告書 (2007).

第5章　科学を「深める」

　国立科学博物館ではサイエンスコミュニケーションに関して「深める」「伝える」「つなぐ」「活かす」という四つの要素に分け，それぞれの能力を伸長するための講座を展開してきました．本章では，「深める」について扱います．サイエンスコミュニケーションを行う者にとって，自身に関連する科学の専門分野をどのように深めることが必要なのでしょうか．科学を「深める」さいに意識をすること，そしてサイエンスコミュニケーションからさらに自身の専門分野に関する理解が「深まる」ことについて紹介します．

5.1　自然科学を学ぶ学生に身につけてほしいこと

5.1.1　科学と自分を深める
面白いとは

　「自然科学を学びながら，自然科学を深め，創り上げる人類の営みに参加することは，とても＿＿＿い．」

　＿＿＿に文字を入れるなら，何が入るのでしょうか？
　「楽し」，でしょうか．「苦し」と入れるのは，卒論や学会発表を控えて最後の追い込みに入っている人かもしれません．とても実感がこもった答えであり，どちらも正しいと言えるでしょう．さらにここには「面白」が入るかもしれません．
　「面白い」，という言葉の意味には「目の前がひらけた感じで，気持ちが晴れ，愉快である」ようすが含まれており[1]，楽しいだけではないのです．つまり，晴ればれとする前は，狭かったり，曇ったり，あまり愉快でない状況があって，

それが解決するときに目の前がひらける感じがともない，「面白く」感動するのでしょう．

ところで面白いのは，自然科学だけではありません．さまざまな人びとが，さまざまな面白さを日々追及して，そのような営みが文化を形作っているといえます[*1]．「科学は文化の一部である」，とはいろんな人が言っており，日本学術会議では「科学は，真を追求する点で，文学，音楽，絵画と同じ文化なのだ」とも論じられています[2]．

仮説と驚き

では，文化のなかで，科学にはどのような特色があるのでしょうか？ 科学は証拠を要求するものであり，論理と想像力の融合であるとも述べられています[3]．ここで「論理と想像力の融合」とはうまく言ったもので，つまり科学的な方法とは，論理学的に厳密な演繹法，または帰納法だけに依るのではなく，間違いがあるかもしれない「想像力」にも依存するというのです．別の言葉でいえば，仮説を考え出す，ということです．仮説を立てるときには，演繹でもない，帰納でもない，別の論理が必要で，それをチャールズ・S・パースはアブダクションと名付けました．この仮説を立てる活動は次のように記述されます[4]．

> 驚くべき事実Cが観察される．しかしもしHが真であれば，Cは当然の事柄であろう．よってHは真であると考えられるべき理由がある．

ここでHが仮説です．具体的には，Cとして「山の上で魚の化石を発見した」とすると，Hとして「そこは昔海の底だった」というような具合に想像するのです．もっとも，このような活動は，必ずしも科学だけでみられるものではありません．生活のさまざまな場面で，人はよく仮説を立てています．たとえば，驚くべきCとして，「自分が片思いしていた人が，突然自分に話しかけてきた」としましょう．するとHはどのようになるでしょうか．「その人も自分のこと

[*1] 楽しいだけでは，楽しみが少ないのです．「苦しい」と「楽しい」が，霜降り肉のように，積み重なっているときに，大きな喜びが得られます．生物学的に考えれば，「苦しい」や「楽しい」感情は，脳が差分を検知することで生じているから，なのかもしれません．差分が大きいほど感動が大きいので，楽しく→苦しく→楽しい，ことを人は追い求めているのでしょうか．

がずっと好きだった」でもいいかもしれません．自分のことが好きならば自分に話しかけてくるのは当然ですね．でも，このHはつねに正しいとは限りません．たんに，自分の「ほっぺ」にご飯粒がついていて，相手はそれを教えてくれようとした，だけかもしれません．幸いなことに，ご飯粒はついてなくて，相手はなぜか自分に話しかけてくれたのであれば，なぜ話しかけてきたのか，探りに入るでしょう．まさに探究であり，カマをかけたり，少しつれなくしたり，いろいろ「実験」をしてHが正しいかどうか確かめますね．仮説を立てるとは，「われわれが直接観察したものとは違う種類のなにものかであり，直接には観測不可能ななにものかを仮定」することであるともパースは論じています．普段，誰もが行っているあたり前の行動が，科学的な方法にも使われているのです．

ところで，ここで大切なのは，仮説を立てるさいに，事実Cを「驚くべきことである」と気づくことではないでしょうか．事実Cがあたり前のことならば，または事実Cが日常そのものであって，そこから何も感じとれないなら，仮説をわざわざ立てる必要などないからです．だとすれば，どうやら研究者であるためには，驚かなければならないようです．ではどのようにすれば，驚くことができるのでしょうか．驚くためには平常（常識）とは違う何かを感じ取る必要があります．すでに学んだことや，これまでにあたり前のように観察されてきたことと，今見たことが何か違っていると気づけば，それは驚きであり，大発見の第一歩かもしれません．

そのような「驚くことができる」自分を作るためには，まずは学び，科学界の常識を身につける必要があります．そうすれば，これまで学んだこととは違う何かを感じ取ったときに，「！」という感覚がでてくるのです．もしくは「？」かもしれません．「！」も「？」も，何かに心が動いたときに出てくるので，それが今，自分のなかで出てきたんだということを，感じ取れる自分を育てていくことが大切でしょう．そして，大変興味深いことに，「心が動いて」そして「心が引かれる」ことも「面白い」と表現します[1]．先の「目の前がひらけた感じで，気持ちが晴れる」とあわせると，科学するときに「面白さ」の二つの意味が関わっていることは，とても面白いと思います．

けれど，もっと大切なものは，研究のはじめに何について取り組むのかを決めることかもしれません．科学の世界には，すでに誰もが謎と感じていて仮説

が立てられているけれど，取り組むのに困難であったり，多くの研究者が取り組んでいるが，成果を出せないテーマがあります．それに果敢に挑むのも一つの戦略です．別の戦略としては，誰もとくに興味をもっていない，謎であるとも感じていないテーマに取り組んでもよいのです．そのような事実Cに面白みを感じるのは，あなただけかもしれません．場合によると，あまりに個人的な興味であり，他人からは，「そんなことに取り組むのは変人である」と思われるような対象に興味をもつことがあるかもしれません．でも，もしもそんな自分がいたならば，そこには大きな金脈が眠っている可能性があります．つまり，科学における金脈とは，自然のなかにあるのではなく，自分の（面白みの）なかにあるのです[*2]．そして科学の発展だけでなく，今まさに求められているイノベーションも，「そんなことに取り組むのは変人である」と思われるような対象に面白さを感じた，誰かの特殊な感覚が第一歩として必須なのです．

　ところで，「驚ける」ためには，科学をもっと勉強することが必要であると思うと，億劫になってしまいますね．そんなときは，違う分野に触手を伸ばしてみるのもよい方法です．自身が専攻している研究分野から離れた別の分野・領域の常識は，異なっていることがよくあります．実際，学問分野の境界領域では科学が大きく進展しており，このことは，違う常識をもった人びとが集まることで新たな面白さが湧き出て，学問が発達するためであると思われます．そしてやはり同じようなことは，生活のさまざまな局面でみられます．たとえば海外旅行を考えてみてください．自分が旅行者だとすると，現地の人びとにはあたり前の日常・常識でも，とても興味深く，感動してしまうことが多いでしょう．違う世界に飛び込んでみる，というのも「驚ける」自分を作るのによい方法です．

仮説と勇気

　さて，「変わった自分・変な自分」を大切にして，何かに驚くことに成功したら，仮説を立ててみましょう．そしてその次に大切なのは，その仮説が正し

[*2] そもそも学校の授業で教えていることや，教科書に書かれていることは，すでにわかっている科学界の常識の枠組みのなかで構築されています．その常識ですべての世界を記載できるように作り上げられていることがほとんどです．でも，本当は，何がわかっていないのかさえ，わかっていない，のです．「わかっていないことに気づき，不思議に思うこと」，「面白い」と感じるのかが，とても大切になってきます．

いかどうか，確かめるための行動を開始することです．ところが，これも簡単ではありません．頭のなかには，時間がない，予算がない，などの理由がいっぱい出てきて，行動に移せないことがほとんどです（生命の危険であるとか，とても大好きな趣味をするときは，すぐに行動に移せるのに，残念です）．そして，それはごくあたり前のことであるとも考えられます．なぜなら，その仮説が正しいかどうかは，事前にはわからないし，もしかすると答えそのものがない可能性もあるのですから．一歩前に踏み出すのは容易ではありません．では次に何が必要なのでしょうか．私は，勇気だと思います．勇気は，古くはプラトンの著書にも述べられているとおり，重要な徳の一つとして議論されてきました．でもどのようにすれば勇気を身につけることができるのでしょうか．まずは軽い気持ちでまわりの人に，自分の仮説について話してみるのがよいでしょう．比較的自分のことを理解してくれそうな人に，話してみることからはじめるのがよいと思います．話を聞いてもらうためには，面白くなければならないので，自分がこだわっているテーマのどこが面白いのか，もう一度，自分で深く考えましょう．そして何回も，人に話したり，自分で考察したりしているうちに，自分の考えがますます深まってきて，その仮説を確かめるのは当然すべきことであるように思えてきます．言い換えれば，自分がそのテーマをますます本当に面白いと思うようになってきます．そうなれば，行動を起こすためのハードルは下がっていますので，一歩前に踏み出しやすくなります．

　また，勇気は仮説の吟味を行うときにも必要となります．仮説の正しさを確かめるために，さまざまな実験を行い，試行錯誤し，よい結果が蓄積されていったら，最後の詰めの実験を行います．どきどきして，その結果が出るのを待っていると，なんと予想通りではなく，仮説を否定する結果が出たりするのです！それを受け入れるのは，辛く，勇気がいることです．でも，そんなときにも捏造や改ざん[*3]をしてはいけません．科学者の姿勢として「つねに正直，誠実に判断，行動し，自らの専門知識・能力・技芸の維持向上に努め，科学研究によって生み出される知の正確さや正当性を科学的に示す」ことが求められています[5]．厳しい要求ですね．では成果を出さなければならないときに，自然は自分が思っていたものとは異なっていた，と気づかされ，打ちのめされたらどうすればよいのでしょうか．私はそんなときには，昔，とある海外の優秀な研究者から受けたアドバイスを思い出すようにしています．その研究者は，落ち

込んでいた私に向かって，明るくこのように言ったのです．

「もうこの条件では実験を行わなくてもよい，ということがわかったのだから，よかったね．」

そうか，確かにそのとおりですね．こんな考え方もあるんだ，と当時，私は深く感動しました．

ところで，自ら立てた仮説が偽であったとしても，その研究を捨てる必要などありません．仮説を変えればいいだけです．それでも当初の仮説は，本人にとっては愛おしいものなので，記念に「この仮説は誤りであった」と発表したいものです．しかし通常は発表することはありません．間違った仮説は，たやすく立てられるので，いちいちそれらが，やっぱり間違っていました，と報告しても聞いてくれる人がいないからでしょう．

ところが，仮説が偽であるということを証明することで，世の中に認められる場合があります．それは，昔の偉い研究者が立てた仮説が，実は間違っていたと報告する場合です．その仮説が教科書に載っているように皆が信じていたものであれば，なおインパクトをもった発見になります．それでは，その否定された仮説を立てた昔の研究者は，役立たずだったのでしょうか．決してそうではなく，皆が信じるような魅力的な仮説（この場合はモデルといってもいいでしょう）を立ててもらったおかげで，その分野に人びとが集まり，研究が大きく進んだのです．つまり，科学の進歩に大きく役立ったのです．ほかの人を動かすような仮説を立てる・モデルを作ることができれば，たとえそれが歴史的な吟味に耐えられなくても，すばらしいことであると私は思います．そもそも，科学とはそのように進んできたのですから．

[*3] 文部科学省，"研究活動における不正行為への対応等に関するガイドライン"（平成26年8月文部科学省大臣決定），http://www.mext.go.jp/b_menu/shingi/gijyutu/gijyutu12/houkoku/__icsFiles/afieldfile/2013/05/07/1213547_001.pdf に「捏造」とは「存在しないデータ，研究結果等を作成すること」そして「改ざん」とは「研究資料・機器・過程を変更する操作を行い，データ，研究活動によって得られた結果等を真正でないものに加工すること」と説明されています．最近ではSTAP細胞について，捏造と改ざんがあったと報告されています．
http://www.riken.jp/pr/topics/2014/20141226_1/
http://www.riken.jp/pr/topics/2014/20140401_1/

5.1.2 仮説やモデルを発表する

発表とサイエンスコミュニケーション

　社会に研究の成果を発信することは，サイエンスコミュニケーションで推奨されているだけでなく，国民の税金を使って研究する場合には，むしろ義務として求められています．そのことがもっとも端的に観察できるのは，科学研究費補助金（科研費）[*4]を獲得するさいの申請書のフォーマットで，ここには「本研究の研究成果を社会・国民に発信する方法等」を記載する欄があるのです．サイエンスコミュニケータやサイエンスコミュニケーションは，今，まさに必要とされているのです．

コミュニケーションのあり方

　この本を読んでいる方の多くは，社会に科学の成果を発信することに興味をもち，価値を感じていると思います．ところが多くの場合，自分がとても興味をもっている研究内容について身近な人に説明しても，理解してくれなかったり，ひどいときには聞いてくれなかったりする経験はないでしょうか．まして，初めて会った人に自分の研究を理解してもらうなんて，ほとんど不可能な感じがします．でも，これはなぜなのでしょうか．実は，日本では，科学技術への興味・関心は学年が進むにつれて低下し，大人では理解度さえも国際水準から大きく落ち込んでいるのです．たとえば，1996 年に行われた経済協力開発機構（OECD）の調査では，日本人の科学に対する興味は先進 14 カ国のなかで最低でした[6]．さらに 2013 年の国際成人力調査（PIAAC）の結果でも，欧米など主要国のなかで日本の成人の知的好奇心は下位に位置している[7]ことが示されています．すなわち日本では，科学の成果物を使うことには熱心だが，科学を文化として捉える気風に乏しい[2]のです．そのように困難な状況で，どのようにすれば，理解してもらえるのでしょうか．ヒントは，自身の体験のなかに隠されているかもしれません．これまでに自分があまり興味をもてなかったことを思い出してみましょう．たとえば学校で受けた授業で，内容を理路整

[*4] 科学研究費助成事業は国の予算によって運営されており，その募集要項には「研究者個人の独創的・先駆的な研究に対する助成を行うことを目的とした競争的資金制度ですので，（中略）応募する研究者におかれては，研究者倫理を遵守することが求められます．」と記載されています．さらに，研究成果発表などのアウトリーチ活動のために，経費を使用できることも記されています．

然と先生が話してくれたが子守唄のようにしか聞こえなかった，ということはなかったでしょうか（その内容は，先生には面白いのかもしれませんが，生徒・学生には伝わっていなかったのですね）．でも，ときに先生が脱線して，自分の趣味や，失恋したことや，失敗してすごく困った経験などを話してくださったら，そのことは明瞭に覚えていたりしますよね（大切な授業内容についてはすっかり忘れているのに）．なぜなのでしょうか．その理由として，私は，人は隣人が，本当はどんなことにこだわっているか，なぜそれにこだわるようになったのか，を知りたいのだという「仮説」を立てています．個人的な，そして他人には言いたくないような内容であればあるほど，他人はそれに興味を示します．その人に独特な，個人的なこだわり．それこそが他人を引き付けるエッセンスなのです．もしかすると，隣人のこだわりが，自身の生存に役立つことが多かったという過去の進化的な淘汰圧が，そのような性質を人に与えているのかもしれません．

　ところで，密かなこだわりとは，まさに個人的に感じる面白さ，そのものです．あなたが，なぜその研究に取り組んでいるのか．その深いところをもう一度思い出してください．それこそが，多くの人の興味を惹きつける第一歩となるでしょう．もう一つ大切なのは，まったく見知らない人の興味よりも，少しはなじみのある人の興味について知りたくなる場合が多いように思います．つまり，その人のキャラクターを知っているほうが，よさそうです．実際，映画や劇では，演じている人のキャラクターが立っているほうが面白いですし，熱心に鑑賞します．キャラクターが立つと，観客は引き込まれていくのです．したがって，科学を紹介するときも，キャラクターが立っていればより効果的です．あなたの普段どおりのキャラクターを前面に押し出して，そのうえで密かな興味の楽しみについても話してみれば，多くの人が，食いついてくるでしょう．これは，学会の発表で求められていることと，反対のような感じがするかもしれません．証拠に基づいて築いてきた美しい科学的モデルを学会で発表するときには，理路整然と，冷徹に話をするのが当然である，と考える人が多いのかもしれません．しかし私は，研究成果を発表するときに，ましてや文化としての科学を伝えるときには，なぜ自分がその内容を面白いと思うのかを熱く語るほうが，その内容に興味をもってもらえるのだと感じています．前項で勇気を説明したときにも，まわりの人に自身の興味や仮説を伝える大切さについ

て考察しました．ぜひ勇気を出して，自分の価値観で勝負してください．

5.1.3 おわりに

　研究者は，その分野の最前線に位置していて，仮説が正しいかどうかわからないことに魅力を感じて研究しています．そして仮説の検証が終わったら，つまり研究の成果が出たならば，研究者はそこから離れてしまいます．そこに残された研究の成果は，自然の精妙さやモデルの美しさ，応用の価値など多くの魅力をもっていますが，研究者が感じて進めてきた研究の魅力とは必ずしも同じではないかもしれません．でも，研究を進めるとき，そして研究の成果を伝えるときには，共通のキーワードがあって，それは「面白さ」であることを考察してきました．なお「面白い」にはあと一つ「滑稽だ」の意味もあります．ノーベル賞のパロディであるイグノーベル賞も「面白い」研究に対して与えられていると言っていいでしょう[8]．3種の「面白さ」をかみしめながら，科学を深め，文化を深めていただきたいと思います．

（千葉和義）

5.2　恐竜とともに深め，成長する科学

　私は恐竜化石など中生代の爬虫類，鳥類化石をおもな研究対象としています．所属している国立科学博物館はもちろん，全国各地で講演やワークショップなどをする機会をいただいています．恐竜の人気には国境がないので，ときには海外でお話しすることもあります．人気のある恐竜に，サイエンスコミュニケーションが必要なのかと聞かれることがあります．私自身も当初はそのような疑問がありました．しかし，通常のサイエンスの話題であれば，大人が子どもの理解を助けてあげるという図式が成立するのに対して，恐竜に関してはその知識量は子どものほうが大人よりも勝っていることが多いのです．そのため，大人に向けた内容が，子どもにはもの足りないというような状況が起こることもあります．また，過去50年ほどの恐竜研究の進展が著しいため，大人が子ども時代に得た知識が古く，場合によっては間違っていることもあります．この

ような背景から，恐竜に関するサイエンスコミュニケーションは特殊な事例かもしれません．しかし，サイエンスコミュニケーションを考えるうえで有用な事例を提供するものと考えて，ここで私が研究者になるまでの経験と，研究者になってからの経験の一部をご紹介します．

5.2.1 私が恐竜の研究者になるまで

専門の古生物学に加えて，サイエンスコミュニケーションなどの授業でお話しさせていただくことがあります．そんなときには，受講生のみなさんに，サイエンスコミュニケーションに期待することをお聞きするようにしています．すると大学院生のみなさんのなかに，自分が取り組んでいる研究と社会との関連づけの仕方に悩んでいる方が多いことに気がつきました．周囲から，「その研究はどのような役に立つのか？」とか，「その研究をしていて就職できるのか？」というようなことを聞かれたり，自問自答するのだそうです．基礎研究をしていると，すぐに応用に結びつきませんから，簡単に説明するのは難しいでしょう．大学院生が多い時代ですから，そのぶん，就職への競争は厳しいので，トップクラスの大学院に在籍していても，安心できないと思います．私が大学生，大学院生だったのは，昭和の「古きよき時代」だったので，今とは比較になりませんが，参考になる部分があるかもしれないことを願って，少し私自身のことについてお話しさせてください．

「子どもの頃からの夢がかなってよかったですね！」

国立科学博物館にいると，「将来，研究者になって恐竜の研究をしたい」という方に数多く会います．最年少は，研究者という職業が認識できる3〜4歳ぐらいのお子さんでしょうか．一方，定年後の人生を考えている50〜60歳代の方もいらっしゃいます．大人の方も，子ども時代に恐竜に熱中した体験をおもちの方が大部分ですが，大学生のときまでに古生物学という学問に触れる機会がなかったけれど，マスコミや博物館展示などを通じてその魅力に目覚めたという方も少なくありません．恐竜が好きなお子さんと一緒に興味や関心を深めていったお父さん，お母さんが，子どもは恐竜を「卒業」したけど，自分は卒業できないとおっしゃる例も多々あります．私は，そのような方から「真鍋先生は子どもの頃からの夢が叶って（研究者になれて）よかったですね」と言われることがあります．しかし，私は恐竜が好きだったという記憶もあまりな

く，東京生まれの東京育ちだったため，地層を観察したり，化石を採集することも，大学生になってから初めて経験しました．

高校教諭を目指した学生時代

　私は進学校ではない都立高校に通っていたのですが，理科は文系であっても物理，化学，生物，地学の4科目が必修でした．地学は中間，期末テストの評価に加えて，1年間かけて自主的に行う自由研究が課せられていました．私は洞窟のようなところに探検に行きたかったので，夏休みに岩手県の龍泉洞や安家洞に行って拙いレポートを完成させました．このときに，自分で自主的に学ぶことの面白さに気がついたことと，高校教諭という職業に関心をもつようになり，大学は教育学部の地学科に進学しました．余談ですが，高校時代，地学は二人の先生に習ったのですが，一人の先生は退職後に国立科学博物館のボランティアになられたので，今は博物館で一緒に活動させていただいています．もう一人の先生は，その後，私が進学した大学に非常勤講師として鉱物学の授業を受けもっていらっしゃったので，高校，大学でご指導いただくことになりました．

　私は大学の卒業研究では埼玉県秩父地方の三畳紀，ジュラ紀，白亜紀の地層の地質調査を行いました．時代は中生代ですが，海の底で堆積した地層で，恐竜などの化石の研究が目的ではありませんでした．日本は当時から大陸縁辺部にあり，陸のプレートの下に海のプレートが潜り込む場所だったことを反映して，地質構造がとても複雑です．私が大学生だった1980年代でも，まだ秩父の地層の時代がわかっていなかったため，コノドント類や放散虫というような，肉眼ではなかなか見えない微化石でその時代を解明しようとする研究が日本各地で行われていました．秩父の両神山の付近は山が急峻で谷が深く，まだ調査が十分に行われていなかったことから，私が挑戦してみることになりました．私は運動神経が発達しているわけではないので無謀な挑戦でしたが，現地に行って岩石サンプルを採集するだけで達成感があり，深く悩むこともなく時間がすぎていきました．大学4年生のとき，奨学金をいただいて1年間，カナダの大学に留学することになりました．カナダでも同じような微化石の研究室があったのですが，そこで，化石の形が時代とともに変わることから進化を研究している大学院生たちに出会いました．それまでの私は，化石からその地層の時代を知ろうと，化石の示準化石としての側面に関心をもっていたのですが，

化石の生物としての側面の面白さに気づかされたのです．

大学院への進学

　もともと留学後は，教員採用試験を受けて，高校の地学の教諭を目指そうと思っていました．大学院進学を考えたこともあったのですが，研究者として就職するのは競争が激しそうだからという理由から積極的な選択肢ではありませんでした．私の留学先の大学には当時ほとんど日本人がいなかったのですが，数学でポスドク研究者として同じ時期にキャンパスにいた森田純さん（現・筑波大学教授）と親しくしていただきました．数学の研究者になるのも狭き門ですが，森田さんが「大学院のあいだ，好きな数学に没頭できるんだったら，修了後に数学で就職できなくても，第二の人生を歩めばよい」と思って大学院に進学した経験を話してくださいました．私も，化石の生物学的な側面をもう少し勉強してみたいと思い，大学院に進学することにしました．

　帰国後，長谷川善和先生（当時・横浜国立大学教授，現・群馬県立自然史博物館名誉館長）の脊椎動物化石の授業で，沖縄県の洞窟で数万年前に堆積した泥の中から骨や歯の化石を探しだして，その部位を特定し，その動物の種類を同定するという実習がありました．一本の歯や骨からその動物の分類ができることは驚きの体験でした．最初は同じような形に見える骨も，よく見ると左と右で形が異なっていたりすることや，骨端の形から成熟した個体のものなのか，未成熟なものなのかがわかったりします．何も知らなければ，小さな骨片かもしれないものが，名探偵のように観察していけば，数万年前のある日の出来事を読み解けるような感激を覚えました．この経験をきっかけに，私は脊椎動物の化石を勉強してみることにしました．そして，化石でしか研究ができない対象として，恐竜の化石の勉強をはじめました．その後，大学院生のあいだの私は，自分が学生として学ぶことだけに追い立てられ，自分がわかることだけに一喜一憂していたように，今から思えば感じられます．

アメリカとイギリスの大学院へ

　私は，修士課程はアメリカで，博士課程はイギリスの大学院で学びました．私がアメリカで修士課程を終えてきたと話すと，イギリスの大学教官の多くは，「アメリカの大学院生は自分の狭い専門のことはよく知っているのだけど，専門以外のことでは会話できない学生が多い．専門以外のことも知っているか，この国（イギリス）ではそのような教養が求められる．まあ頑張りなさい」と

いうアドバイスをしてくれました．イギリス的なユーモアと表現してもよいかもしれません．イギリスはサイエンスコミュニケーションがさかんな国ですが，その背景の一端には，このような文化もあるかもしれません．いろいろな専門家の話を聞いたあとに，その後の質疑応答をパブで行うという行事が数多く実施されていて，その講義，講演の直接の専門家ではない，別の分野の研究者や学生とそのような行事を通して数多く出会いました．そのような経験のなかで，私は自分の関心領域について，直接の専門外の人たちにいかに伝えるか，いかに興味をもってもらうかといった練習をさせてもらったように思います．ここで重要なのは，自分の説明方法を上達させるだけでなく，相手との会話のキャッチボールによって，自分の関心領域の理解を高めたり，深めたりできたことです．専門家が聞かない，素朴な疑問に対面することによって，鍛えられたのではないかと思います．帰国後，私は運よく国立科学博物館に就職することができ，現在まで研究者として生活することができています．

5.2.2　研究活動とサイエンスコミュニケーション活動のあいだで

　こうして今は博物館で恐竜を研究している私ですが，博物館でのイベントや講演会でお話をさせていただくと，恐竜の研究にとっての発見や，恐竜について伝えるときに重要なことを発見することがあります．ここでは，こうした事例を紹介します．

図鑑などに見る恐竜という特別な世界

　私が子どもの頃は，図鑑や百科事典をセットでそろえるような家庭がまだ多い時代でした．夏休みの宿題で昆虫や植物を採集して，図鑑を見ながら種を同定したり，その特徴を引用したりした経験をおもちの読者も多いのではないでしょうか．また，周囲のお子さんに恐竜図鑑をプレゼントしたり，子ども時代にプレゼントされた，という経験はありませんか．私も博物館で恐竜の図鑑をもってきた少年少女と数多く出会います．恐竜の図鑑は，ほかの図鑑とはまったく異なった機能をもっていると考えています．恐竜の図鑑にはふつう200種以上の恐竜が紹介されていますが，いずれも恐竜の生体復元，つまり骨格ではなくウロコや羽毛で覆われていた，このような姿だったであろうと想像されたイラストやCGです．代表的な恐竜については骨格などの特徴がきちんと解説されているのですが，大部分の恐竜は生体復元です．

羽毛やウロコ，ときには内臓まで残っているような化石が見つかることもありますが，恐竜の化石は，化石化の過程で内臓や筋肉などの軟組織や，ウロコや羽毛などの表皮は腐敗して分解してしまい，骨や歯などの硬組織しか残っていないのが普通です．そのような化石が発掘され，研究されるので，博物館で展示されているのは骨や歯の化石だけなのが普通です．そうすると野外でも博物館でも，図鑑の生体復元の恐竜に会えるわけではありません．図鑑で描かれた色鮮やかな生体復元の恐竜にしか興味がない人たちもいますし，博物館に来て骨化石ばかり見せられてがっかりする人たちもいます．サイエンスコミュニケーション力の出番です．

断片的な骨や歯の化石を展示している博物館で，恐竜の生体復元のイラストの載った図鑑を開くと，展示と図鑑の恐竜はまったく異なるものです．しかし，それは調査研究という営みの両端を見せてくれていると考えることもできます．骨化石を一つずつ発掘し，それをジグソーパズルのように組み合わせていき，そこから全身骨格，さらには生体復元，行動，生態を学術的に推定する作業の面白さ，魅力を感じてくれる人たちがたくさんいて，博物館に繰り返し足を運んでくださいます．

かつては，恐竜の色なんてわからないというのが常識でした．図鑑に描かれた色鮮やかな恐竜の姿は，イラストレーターの想像でしかなかったのです．「A社の図鑑のティラノサウルスとB社の図鑑のティラノサウルスはまったく色が違うけれども，どちらが正しいのですか？」というような質問をよく受けます．私は次のように説明していました．「博物館で恐竜の化石を見ると，たいていは黒色や茶色をしています．骨や歯はもともとは白かったはずですが，地中に埋まっているあいだにいろいろな成分が染み込んでいった結果，黒色や茶色に変色してしまっているのです．だから羽毛やウロコが発見されたとしても変色してしまっているので，残念ながら色はわかりません．A社の図鑑もB社の図鑑も間違っているかもしれません．しかし，同じ種でもオスとメス，子どもと大人，生息環境や地域，季節によって色が違う場合がありますから，どちらも正しいこともあるかもしれません．」

2009年までは私も恐竜の色は永遠の謎だと答えていました．しかし，2010年，「羽毛恐竜」の羽毛の表面にメラノソームというメラニン色素に関連した組織が化石に残っていた例が報告されました．メラノソーム自体も変色してしまっ

ているのですが，その形や密度を現代の鳥類の羽毛上のメラノソームと比較することによって，色や模様を推定できることが明らかになりました．アンキオルニスという鳥類に近い「羽毛恐竜」は，ほぼ全身の色がメラノソームから推定できました．ほぼ全身が黒色で，翼に白い帯のような模様があり，頭頂部の羽毛が赤色をしていたらしいのです[9]．メラノソームの化石から色が推定できた恐竜はまだ10種に満たないぐらい少数ですが，色もわかるようになったのです．

一般の方の質問からはじまった研究

　トリケラトプスという恐竜は角竜と呼ばれる恐竜のなかの一種です．目の上に2本の大きな角と鼻の上に小さな角，計3本の角をもつことから，3本の角をもつ顔という意味の学名がつけられています．ティラノサウルスとトリケラトプスは一，二を争う人気恐竜です．トリケラトプスの全身骨格を見てみると，ヒザは胴体の下に位置しているのですが，ヒジは胴体の横に突き出していて，ワニやトカゲのような，恐竜ではない爬虫類のように見える復元がされているものがあります．ガニマタで四足歩行するのが基本形の爬虫類のなかで，股関節が貫通することによって，ガニマタではなくヒザを胴体の真下にまっすぐ伸ばすように二足歩行するようになったのが最初の恐竜でした．そうすると，トリケラトプスのヒジは，恐竜ではない爬虫類のようなので，「恐竜に分類できないのではないか」という質問を受けることがあります．

　私は，恐竜の多様化のなかで，トリケラトプスなどの角竜は二足歩行から四足歩行に戻った恐竜の一例なので，恐竜以前の爬虫類のヒジのまま進化しなかったわけではないことを説明してきました．しかし，内心では，トリケラトプスはなぜヒジを横に突き出しているのかを疑問に思っていました．

　恐竜の全身骨格は，バラバラになってしまった250個以上の骨を組み合わせて，復元されるものです．ヒジが横に突き出すように組み立てられているのは，人間の解釈の結果です．国立科学博物館に展示されているトリケラトプスは実物化石で，アメリカのノースダコタ州で化石発掘業者が発掘した化石です．トリケラトプスは北アメリカにだけ生息していた種で，骨格の過半数以上の骨が揃っている個体はこれまでに50個体以上発見されてきましたが，頭と胴体がつながった，状態のとてもよい化石は数例しかありません．国立科学博物館に展示されているものは，頭から腰までがつながった状態で発見されたよい標本

です．恐竜の化石はまわりの岩石からクリーニングという作業によって取り外されて，骨化石だけを組み立てるのが普通です．しかし，頭から胴体までつながっている珍しい標本であることから，私は岩石から取り外さないままの状態（産状化石）で展示することにしました（図 5.1）．

あるとき，藤原慎一さん（当時・東京大学大学院理学研究科学生，現・名古屋大学博物館助教）と話していました．彼もトリケラトプスのヒジが恐竜以外の爬虫類のように復元されていることを疑問に思っていました．そこで，私たちは，国立科学博物館のほぼ全身がつながったトリケラトプス標本を詳細に研究することによって，ヒジが横に突き出ていたのかどうかを確かめることができるのではないかと考えました．その後，藤原さんはトリケラトプスなどのヒジは横に突き出ているのではなく，「小さく前へ習え」のように脇をしめていて，横には突き出ていなかったらしいという新しい仮説を提唱しました[10]．二足歩行になった恐竜たちの前あしは，手のように使われるようになってしまったので，再び地面に着くときに，もともとの四足歩行の爬虫類とは異なる方法になった結果だったのです．トリケラトプスのものとされる足跡の化石と照らしあわせてみても，「小さく前へ習え」のような前あしの接地の仕方をしていたことが確認できました．現在では藤原さんの復元が世界中の多くの研究者の支持を得ていると思います．国立科学博物館では，藤原さんの新仮説に基づいた新しい全身復元骨格を組み立て，2015 年から国立科学博物館に常設展示しています（図 5.1）．もともとは一般の方からの質問から生まれ，大きな成果をあげることのできた研究の一例です．

ティラノサウルスは羽毛が生えていたのか？

私がよく受ける質問の一つに「ティラノサウルスには羽毛が生えていたって本当ですか？」があります．恐竜は完全に絶滅したのではなく，獣脚類（いわゆる肉食恐竜）の一部は鳥類に進化したという考えは，1970 年代に普及しはじめ，現在では広く知られています．研究者だけでなく，一般にもそれを実感されるようになったのは「羽毛恐竜」の発見ではないかと思います．羽毛は鳥類になってから進化したのではなく，恐竜の段階ですでに羽毛をもったものがいたという発表が 1996 年に中国からありました．シノサウロプテリクスという小型獣脚類の化石の，背中や尾には短いフリースのような構造が認められたのが最初です．当初，私は，報道機関からの取材に対して，その構造が羽毛と

図5.1 国立科学博物館に展示されたトリケラトプスの新復元（手前左）と，そのもととなったトリケラトプスの産状化石（奥）

同じ起源を持つ「相同」な組織かどうかわからないこと，細長いウロコがほつれたりして羽毛のように毛羽立って見えている可能性もあることから，否定的な立場でした．しかし，その後，次々と「羽毛恐竜」の化石が発見されるようになり，ミクロラプトルのように鳥類と同じような翼が恐竜の段階で出現していたことが明らかになりました．現代では，恐竜が羽毛で覆われていても，誰も驚かない時代になりました．

ティラノサウルスは今から約 6,800 ～ 6,600 万年前に北アメリカに生息した大型獣脚類です．ティラノサウルスの化石からは羽毛の化石はまだ発見されていません．ですから生体復元画や CG を描くならば，従来どおりウロコで描くべきだという意見もあります．一方，ティラノサウルスはこれまでに 50 体以上の骨格化石が発見されていますが，ウロコの化石も断片的なものしか見つかっていません．ティラノサウルスのウロコの化石とされているものは，それがティラノサウルスのものであれば，一つひとつのウロコが小さいため，足の部分のものと考えられます．現代の鳥類の足もウロコで覆われているので，ティラノサウルスの胴体がウロコであった証拠にはなりません（p.88 の注参照）．

ティラノサウルスは有名な恐竜で，社会的な露出の機会も多い恐竜です．いつの頃かティラノサウルスも羽毛で描かれるようになりました．そうすると，

一般の方からも,「ティラノサウルスに羽毛の化石は見つかっているのですか？」という質問がたくさん寄せられました．羽毛の化石が確認されていないことをお話しすると,「証拠のないものを描くのは科学的に間違っている」とか,「教育上好ましくない」というご意見も出てきます．

ティラノサウルスは白亜紀後期に栄えた恐竜の一種ですが，ティラノサウルス類はもともとアジアに生息していた小型獣脚類で，白亜紀前期には良好な化石がアジアで発見されています．日本からも小さな歯の化石ですが発見されていて，ティラノサウルス類が白亜紀前期にアジアに分布していたこと，当時のティラノサウルス類は小型だったものの顎の先端部の歯は幅が広く，大型のティラノサウルス類の特徴がすでに現れていることを教えてくれます[11]．ティラノサウルス類はおもに小型の獣脚類が分類されるコエルロサウルス類の一員で，意外にも鳥類に近縁な存在です．2004年に中国から報告されたディロングは全長 1.8 メートルほどの小型のティラノサウルス類ですが，体のいろいろな部分に数センチメートルぐらいの短い羽毛が確認されています[12]．ティラノサウルス類はもともとは「羽毛恐竜」だったのです．私が図鑑などの生体復元画を監修するような機会には，ティラノサウルス類が「羽毛恐竜」のコエルロサウルス類に分類されること，ディロングから羽毛が確認されていることから，ティラノサウルスにも積極的に羽毛を描いてもらうようにしました．

すると一部の恐竜ファンから，小型のティラノサウルス類には羽毛があったかもしれないが，大型のティラノサウルスなどに羽毛があると，温暖な白亜紀の大型動物として体温が上昇しすぎるリスクが高まるという指摘が出てくるようになりました．そこから折衷案的に，子どもには羽毛があっても，大人では羽毛度合いが下がるというイラストも登場しました．

2012年に中国から報告されたユウティランヌスは，全長9メートルの大型のティラノサウルス類ですが，胴体や腕に最長 20 センチメートルぐらいの羽毛があったことが明らかになりました[13]．私は大型のティラノサウルス類でも羽毛を否定する必要なくなったと考えています（図 5.2）．

羽毛という証拠の有無が重要なのはもちろんですが，一方で，「羽毛が見つかっていないのならば，旧来の爬虫類的なウロコのほうが確率が高い」わけではありません．爬虫類である最初の恐竜はウロコだったでしょうが，鳥類に進化する過程で，いつどの系統で羽毛が出現したのか，その系統進化的なデータ

図 5.2 ティラノサウルスの生体復元の一例，V×Rダイナソー®
[製作・著作：凸版印刷株式会社，監修：国立科学博物館（担当 真鍋 真）]

から考えれば，ティラノサウルスは羽毛で覆われていた確率がはるかに高いといえます．もちろん，その答えはティラノサウルスの新しい化石が発見され，胴体が羽毛で覆われているのか，ウロコで覆われているのかを確認することによって，上記の仮説が検証されることを待たなくてはなりません[*5]．

理科教育における恐竜

　小学校の理科では，4年生で「人の体のつくりと運動」について，5年生の「動物の誕生」で，脊椎動物は魚類，両生類，爬虫類，鳥類，哺乳類に分類されることを習うのが一般的なようです．現在の脊椎動物を，水の中を泳ぐ魚類，カエルなどの両生類，トカゲなどの爬虫類，カラスなどの鳥類，イヌやネコなどの哺乳類に分類するのは難しくありません（イモリ（両生類）とヤモリ（爬虫類）は，どっちがどっちだかわからないと迷う人たちが少なくないかもしれませんが）．上記の分類は現代に生息する現生種だけを分類するのに適した方法ですが，絶滅種を含めて進化の歴史をたどろうとすると，難しい問題に直面します．恐竜は爬虫類であること，さらに恐竜の一部は鳥類に進化したと考えられています．かつては始祖鳥を境界として爬虫類と鳥類を分けていたのですが，現在ではその進化の連続性を反映した化石の証拠が次々と出てきて，爬虫類と鳥類を明瞭に区別することが難しくなりました．また爬虫類と鳥類は現生種の

[*5] 2017年5月，ティラノサウルスの首，腰，尾のつけ根にウロコが確認されたという論文が発表されました．ティラノサウルス類のこの部分にはもともと羽毛が生えていたので，羽毛が退化して，ウロコに戻ったようです．そうであれば，全身がウロコに戻った可能性は低いことから，部分的には羽毛だったのではないかと考えられます．全身の表皮の状態がわかる，もっと完全な化石の発見が待たれます．P.R. Bell, *et al*., "Tyrannosauroid integument reveals conflicting patterns of gigantism and feather evolution", *Biol. Lett.*, **13**, 20170092 (2017)．

分類では爬虫綱と鳥綱と同格ですが，爬虫類から恐竜を経て鳥類が進化してきたことを知ると，同格ではないことは明らかです．

　小学4年生で恒温動物と変温動物について学習するさい，魚類，両生類，爬虫類は変温動物で，鳥類と哺乳類は恒温動物であると習います．恐竜化石から直接，体温やその体温が一日のあいだでどの程度変化するのかを知ることはできないのですが，恐竜の段階ですでに恒温動物化が始まっていたという説が有力です．羽毛は鳥類以前の小型の恐竜で出現していました．体が小さいと体温が外気温の変化に影響を受けやすく，体温を一定に保持することが，大型の個体に比べると難しいです．小型の恐竜がウロコではなく羽毛をもっていたら，体温を一定に保持しやすくなり，羽毛をもつことが有利になったとしたら，羽毛をもつ個体が世代交代とともに個体数を増やしていったと考えることができます．

　鳥類以前の恐竜のなかで，群れ行動や子育てなどの高度な社会性をもつものがいたこと，体が羽毛で覆われているだけではなく，翼をもったものがいたことが明らかになりました．現在では，どこまでが恐竜でどこからが鳥類かわからないほど連続的な進化があったと考えられています．

　小学校の先生とお話ししていると，「恐竜は爬虫類に分類されるのか，鳥類に分類されるのか？」というクイズを出すと，恐竜に詳しい子どもほど正解率が低いという経験をもつ先生が多いです．ポイントはすべての恐竜が鳥類になったわけではないことです．すべての恐竜を含むのは爬虫類であって，爬虫類が正解となります．しかし，恐竜はワニやトカゲよりも鳥類に近縁であることを知っている子どもたちは，鳥類に分類したくなってしまうのです．でも，そんな子どもたちは，現生種だけを見ていれば，簡単に区別できる爬虫類と鳥類が，恐竜化石まで含めてみると，どこまでが恐竜でどこからが鳥類か，簡単に境界線が引けない，つまり連続的な進化があったことを知っているでしょう．

5.2.3　これからの学問の形，「恐竜学」？

　色鮮やかな恐竜を CG で描き，それをアニメーションで生きているように動かすというのは，かつてはテレビや映画の世界で，それはサイエンスではなくアートの世界だとされていました．しかし，1990年代以降，テクノロジーの進歩とコンピューターシミュレーションの普及により，その一部はアートでは

なく，サイエンスの研究として行われるようになってきました．そこには，テレビや映画で迫力のある恐竜を見て育った世代が大人になって，本当の姿や動きを知りたいという情熱が研究者たちを動かした事例が数多くあります．

　博物館や大学では，最先端の研究成果をいかにわかりやすく説明するか，そのような能力が求められているように思われがちです．私は，大学院生のときから恐竜などの中生代爬虫類・鳥類の研究をはじめましたが，自分の科学者としての成長において，他者との会話のキャッチボールが重要であったことは明らかです．異なる専門分野の研究者はもちろん，一般の方の素朴な疑問が研究者としての私を育ててくれたことに心からお礼申し上げます．そして，そのような成長を遂げたのは私一人ではなく，多くの科学者であり学問であることは，恐竜という分類群においては自信をもっていえます．恐竜を研究する学問は古生物学ですが，社会とのコミュニケーションとともに歩む学問として，私は「恐竜学」という名前を使っています．そして，この恐竜学という発想がほかの分野においても参考になれば幸いです．　　　　　　　　　　　　　　　（真鍋 真）

● 引用文献 ●

5.1
1) 新村 出 編,『広辞苑 第五版』, 岩波書店(1998).
2) "科学・技術を文化として見る気風を醸成するために", 日本学術会議 第4部報告, 平成17年6月23日, http://www.scj.go.jp/ja/info/kohyo/pdf/kohyo-19-t1030-13.pdf
3) Project 2061, "Science for All Americans", American Association for the Advancement of Science(1989)；日米理数教育比較研究会 訳, "すべてのアメリカ人のための科学", http://www.project2061.org/publications/sfaa/SFAA_Japanese.pdf
4) 米盛裕二,『アブダクション——仮説と発見の論理』, 勁草書房(2007).
5) "声明 科学者の行動規範 改訂版", 日本学術会議(2013), http://www.scj.go.jp/ja/info/kohyo/pdf/kohyo-22-s168-1.pdf
6) "Science and Technology in the Public Eye", OECD(1997), http://www.oecd.org/science/sci-tech/2754356.pdf
7) 小桐間徳, "国際成人力調査が示す日本及び諸外国の社会的アウトカムの特徴", 国立教育政策研究所紀要 第143集, 平成26年3月, https://www.nier.go.jp/kankou_kiyou/143-105.pdf
8) イグノーベル賞ウェブサイト, http://www.improbable.com/ig/

5.2
9) http://news.yale.edu/2010/02/04/yale-scientists-first-reveal-flamboyant-colors-dinosaur-s-feathers
10) S-I. Fujiwara, "A reevaluation of the manus structure in *Triceratops* (Ceratopsia: Ceratopsidae)", *Journal of Vertebrate Paleontology*, **29**(4), 1136-1147(2009).

11) M. Manabe, "The early evolution of the Tyrannosauridae in Asia", *Journal of Paleontology*, **73**(6), 1176-1178(1999).
12) X. Xu, *et al.*, "Basal tyrannosauroids from China and evidence for protofeathers in tyrannosauroids", *Nature*, **431**(7009), 680-684(2004).
13) X. Xu, *et al.*, "A gigantic feathered dinosaur from the Lower Cretaceous of China", *Nature*, **484**(7392), 92-95(2012).

第6章 科学を「伝える」

「深める」「伝える」「つなぐ」「活かす」という四つの要素の一つ「伝える」がこの章のテーマです．「伝える」といっても，伝える人の立場や方法はさまざまです．本章では「伝える」ことに長けた3名の方が，「伝える」さいに工夫されている点を書いています．研究者，テレビ番組の制作者，サイエンスライターそれぞれの，「伝わる」ための「伝える」工夫を紹介します．

6.1 専門的な知識の伝え方

6.1.1 サイエンスに「コミュニケーション」活動が必要な理由

　どんな分野にも高度に専門的な分野というものは存在します．それらの専門分野というものは，もともと必要があって，もっと一般的な分野から発生してくるものです．しかし，その分野が高度に進歩し，成熟すると，そのスジの専門家しか理解できないような概念や専門用語や略語ができてきます．それらの概念や略語は，その分野のコミュニティには必要で便利なものですが，ほかの分野からの参入者にとっては難解だったり，理解を妨げたりするようになります．そのため，専門家の閉じたコミュニティが完成してしまいがちです．しかし，閉じたコミュニティに将来はありません．つねにほかの分野との連絡を保ち，新しい情報のやりとりがあってこそ，進歩が望めるのです．そこで，専門分野の内容をわかりやすく異分野の人にわかってもらうための手段（コミュニケーション）が必要となります．ですから，コミュニケーションというのは，科学だけに限って必要なことではありません．しかし，とりわけ科学では分野が細分化し，進歩・発展が著しく見られます．同じ生物学の一分野として発展した専門分野でも，たとえば「分子発生学」の分野と「システム生態学」の分

野であったら，会話は難しいものになります．高度に専門化した素粒子物理学や，宇宙論などで語られる概念や用語は，一般の人びとには相当難しいものです．しかし，今日の私たちの日々の生活には，なんらかの形でサイエンス的な背景があり，それを理解していくことは，よりよい生活を送ることにつながります．そこで，とくにサイエンスの分野に特化したコミュニケーションが必要となります．これがサイエンスコミュニケーションです．

　サイエンスコミュニケーションが必要とされるのには，もう一つ別な側面があります．サイエンスの基盤を作る「研究」という行為は，一般には「浮世離れ」したことと思われがちです．とりわけ，基礎研究の多くは，世の中とは関係のない，役に立たない道楽のように思われがちです．しかし，研究者の多くは研究テーマを道楽とは思わないでしょう．それなりに真摯に取り組んでいるものです．そのことを世の中に理解してもらうためには，研究テーマの基盤や背景の重要性や，応用の可能性や有用性を分野外の人にわかるように訴える必要があります．ここで重要なのは，「わかってもらえるように」伝えることです．一方的な情報提供では，理解は得られません．聴衆や読者を意識して，理解してもらえるように配慮することが重要です．

　一例として，私の研究テーマの一つを示しましょう．我慢して次の文章を読んでみてください．「筆者の研究しているビョウタケ目の菌類は，長いあいだ腐生菌と考えられてきた．しかし，最近エンドファイトとしての機能があることが示され，それも多くが根のエンドファイトとして，植物と共生する可能性が示されてきた．しかし，根から分離されてきたエンドファイトは，胞子形成しないため同定が困難である．そこで，ITS-5.8S領域をもとにしたバーコーディングで，標本に由来する菌株のDNA領域を比較し，分子同定をすることによって，根由来のエンドファイトの実態を研究している．(230字)」．

　いかがでしょうか．これで「よくわかった」という人は，おそらくかなり菌類の分類・生態に明るい人です．私は個人的にはそのような方を歓迎しますが，おそらく多くはいないでしょう．わかりにくいのは日本語の問題ではありません．読者層を意識しないで，こちらの言いたいことだけを書いているのが問題なのです．しかし，ここで，読者が生物学の基礎は学んでいるが，菌類の生活についてはほとんど知らない，という前提で説明するとなると，次のようになります．

「私は，菌類（カビ・酵母・きのこ）を研究している．菌類は，いろいろなものを腐らせて生きるだけと考えられてきた．しかし，最近は植物に栄養を与えて成長を促進するような，共生的な生活を送るものも多数知られている．ビョウタケ目という分類群はそのような菌類の一つで，長いあいだ，地上で腐った植物に生えるだけと思われてきた．しかし，実は植物の根に入り込んで共生しているらしいことがわかってきた．ところが，生きた植物の根から採れるような菌は，分類に必要な「胞子を作る構造」を作らないことが多く，名前を知ることが難しい．そこで，これらの菌の特定の遺伝子をすでに採集された標本に由来する遺伝子と比較して名前を調べている．(300字)」．
　いかがでしょうか．多少長くはなりましたが，枝葉を落とし，主張したいことを絞り，不要な専門用語を削った結果，わかりやすくなったのではないかと思います．「すべてを正確に伝えることが重要だ」という向きもあるでしょう．また，「格調高く伝えるべき」という美学もあるでしょう．しかし，ここで重要なのは，なによりも読者に意図を理解してもらうことです．専門用語や格調を伝えるのではありません．
　先に述べたように，サイエンスの研究の多くは，一般からすると「浮世離れ」したものであることが多くあります．とりわけ，基礎研究は，テーマだけでは何を研究しているのか，何に役立つのか直接にはわからないものも多くあります．むろん，基礎研究だから，無理に応用を考えるべきではありません．しかし，税金が投入されているのであれば，納税者に対して，当然どのような研究のために税金を使っているのかを伝えることは必要です．そのさい，「正確に」だけを強調してしまえば，結局何をやっているのかについての理解が得られず，世間の支持は遠のいてしまうでしょう．研究を深めれば深めるほど，世間との距離は離れる傾向があります．だから，その距離を埋めるコミュニケーション活動が必要なのです．

6.1.2　サイエンスコミュニケータは腕のよい料理人

　サイエンスコミュニケータは，「腕のよい料理人」にたとえられます．お客は洋食が好きなのか，和食派なのか．こってりしたものが好みか，あっさりしたものが好みか．客の嗜好をとらえ，腕のよい料理人には，さまざまな機会に入手される旬な素材を客の好みにあうように適切な形で提供することが求めら

れます．サイエンスコミュニケータも同様に，客のもっている背景知識にあわせて，難しい素材を簡単に，あるいは正確に，わかりやすい形で提供することが求められます．客がもっていない知識は，あわせて提供しなくてはならないし，すでに予備知識があれば，それを前提として客が知らないような内容，知りたくなるような内容を提供します．

　では，なぜ，そのような努力をしてまで，伝えなくてはならないのか．現実的な問題として，研究の重要性や面白さを伝える目的のなかで，もっとも直接的，かつ重要なのは予算獲得です．本書の読者には科学研究費補助金（科研費）や研究テーマのプロポーザルなどを書かれた経験をおもちの方もいらっしゃるでしょう．言うまでもなく，これらの文書では審査をする人にとってわかりやすく，その研究の重要性や面白さを伝える必要があります．また，新しい研究を提案したり，共同研究を実施するうえでも周囲の理解・サポートが必要となります．これらのすべての場合においてコミュニケーション能力が必要です．

6.1.3　どうやって伝えるか——伝えるノウハウ

　それでは実際にサイエンスコミュニケーションの場で利用可能なノウハウをあげてみましょう．以下にあげるのは，私自身の経験に基づくものですが，同じ経験をしている人は多いようです．

「一言で何か」を明確にする

　自分の伝えたいことの核心を，わかりやすい一言で表現するのはきわめて重要です．その一言が聴衆や読者の腑に落ちる（ピンとくる）さいにはきわめて大きな力を発揮します．たとえば，国立科学博物館のサイエンスコミュニケータ養成実践講座のさいにはバイオフィルムのことを「微生物の城」と表現した受講生がいましたが，これは，難しい概念を短く表現した秀逸な例です．ちなみにバイオフィルムとは，おもにバクテリアが集合してさまざまな固相表面に形成される薄膜状の構造で，環境ストレスに対する耐性や，内部の細菌に対する栄養輸送などのシステムを備えたものです．そのため，維持のための物資の輸送路を備えたり，籠城が可能な城にたとえて表現したのです．

　科研費の新学術領域のウェブサイト[1]には，それぞれの研究テーマがリストされています．新学術領域は，文字どおりそれぞれが新しい学問の領域の形成を目指すもので，広範な範囲を網羅する研究の集合となっており，テーマを

正確に説明されると，長くわかりにくいものとなってしまう可能性があります．そのため，取り扱い上の便宜のためか，それらの領域を短く省略した名称が別途用意されています．これらのなかには，単純にキーワードを取り出したものも多いですが，上手に長いテーマを要約したものも多くみられます．この短い略称でピンとくるものが，よい工夫がなされたものであると考えることができます．

ちなみに，「一言で」というのはサイエンスコミュニケーション以外の世界でも通用するテクニックです．放送作家の石田章洋氏は「企画を一言でまとめる」ことを徹底した結果，多くの企画が採用されるようになったと言っています[2]．

「のりしろ」を作る

これはとくに講演のさいに有効なノウハウです．多くの聴衆は講演されるテーマを理解するために必要な基礎知識をすでにもっていますが，それは頭の引き出しの中にしまわれていることが多いのです．一方，演者は，聴衆がそのような基礎知識をいつでも参照し，テーマをただちに理解できるものと勘違いしていることが多くあります．そこで講演の最初の部分で，あえて聴衆がすでに知っているはずの基礎知識に触れておくと，しばしばその後の理解が促進されます．言い換えれば，既存の知識にのりしろを作り，講演のテーマと連結するのです．このような話法は，演者の側からすると，こんな低レベルのことを話しては馬鹿にされるのではないか，失礼ではないかと思われ，敬遠されがちです．しかし，私の経験では，勇気をもってそのような予備知識を交えた話を展開したほうが，概してよい理解が得られるようです．実際次のような経験をもっています．

ある医師の集会で，製薬会社の営業の人が，ある新薬の説明に立ちました．当然，集合した聴衆の大部分はその領域の専門医でしたが，一部，専門ではない医師も含まれていました．そこで，その営業担当者は「このようなことを申し上げるのは，釈迦に説法でございますが」と切り出し，暗に当然知っているべき基礎知識を提供しつつ，新薬が求められた背景を説明したのです．この場合，聴衆は医師なのであるから，当然専門医でなくてももっている医学的知識はあったものと考えられます．しかし，限られた時間のなかで，頭のどこかに眠っている知識を引っぱり出して講演テーマに結びつけるのは容易なこと

ではありません．この本の読者も何かの講演を聞いたあと，中学や高校のときに学んだはずのことを思い出した（あるいは思い出そうとした）経験があるのではないかと思います．そのような場合，以前に学んだ知識を先に思い出させてくれれば，講演はもっとわかりやすく，興味深くなったのではないか，と思ったことはありませんか．

上手なたとえ話を利用する

上のような「のりしろ」に関連し，既存の読者や聴衆の経験をうまく利用するうえでは，たとえ話をするのも有効です．筆者が高校時代に学んだ生物の先生に，神経細胞の外側にあるイオンの流入によって膜電位が一気に変化することをたとえて，「バーゲンの開店を待つ客が，開店と同時に店の中に流れ込んでくる」といって，笑いをとった先生がいますが，これはミクロの世界のわかりにくい現象を，マクロの世界に置き換えてわかりやすく説明しようとした試みです．

ここでは，笑いがとれるという別のメリットもありました．実際，笑いをとるというのは演者に親しみをもたせ，話をより身近なものに思わせる効果があります．しかし，たとえ話はあくまでもたとえ話です．伝えたい部分が正しいアナロジーで伝えられていないと，ただの面白い話で終わるか，脱線した話になるか，最悪の場合，笑いもとれず不発で終わってしまう可能性があるため，ご用心．

説明を組み立てるテクニック

ここでご紹介するのは，説明の順番や構成を考えるうえで役に立つテクニックです．

(i) **表にできないか，考える**　二つ以上の事象を対比させて議論する場合に有効です．一番単純な例として，二つの種類（甲と乙）の事象（たとえば，二つの植物の花）について，三つの性質を比較しているとします（表6.1）．甲は性質1（たとえば花弁の長さ）においては短く，乙は長いという点で対照的です．

表6.1　表による説明の例

	性質1	性質2	性質3
甲	短い	白	多い
乙	長い	白	未知

しかし，性質2（たとえば花の色）においては両方とも白色で区別できません．また，性質3（1植物体に形成される花の数）は，甲では多数知られているのに対し，乙では未知です．

　上の説明は，二つの事象を三つの側面から比較していることを示すことによって，聴衆や読者に明確な比較イメージが伝えられ，どこに問題点があるか（知りたいことは何か）に誘導していく例です．ただし，ここで重要なのは，甲乙を比較し，暗に区別しようとしていると伝えることと，未知の部分がある，という点に誘導することです．焦点なく，対比しただけでは，何が言いたいのかわからない議論になるため，要注意です．

　表のように考えるのには，もう一つのメリットがあります．表を作成し，セルを埋めようとすると，不足しているデータがわかってくるのです．文章や口頭だけで議論をすると，しばしば重要と考えるところばかりに注意が行きすぎ，考え残しが出てくる可能性があります．また，むしろ不足しているデータこそが重要である場合もあるでしょう．表を埋めようと網羅的に考えるからこそ，それらの歯抜け部分を明らかにすることができます．

(ii) 逆にできないか，考える　　話にはいろいろな入口があるものです．最初にあげた筆者の研究テーマの場合，「菌類の多くは腐朽菌．しかし実は共生菌もある」という入口もあるし，「ビョウタケ目の菌類はどんなものか」という人物紹介的な入口もあるでしょう．言い換えれば，異なる入口から何通りものストーリーが考えられます．そのなかでもっとも極端な例が，話の前後を入れ替える，ということです．次の例は私自身が修士の時代に経験したことです．

　私は，フザリウムというカビの一種の分類を研究テーマとしていました．菌類には，無性生殖と有性生殖という二つの生殖法があり，その形態があまりに異なるため，それぞれがあたかも別な生物であるように別な学名が与えられていました．フザリウムというのは無性生殖時代に与えられた名前ですが，有性生殖時代がわからないものも多くありました．私の研究結果は，最終的には，未知のフザリウムの一種が，既知の有性生殖時代に該当することを明らかにしたもので，当初は与えられたテーマのとおりにフザリウムから話をはじめ，有性生殖時代に言及するようにストーリーを作っていました．しかし，それでは，ただの新種報告に終始してしまい，どうも話が面白くありません．そこで，話の前後を入れ替え，既知の有性生殖時代をリストし，そのなかに未知の無性生

殖時代があり，それを追求する必要がある，という謎ときのような形に導入を整理したところ，より流れのよい話にすることができました．

(iii) 仮に「なかったら」と考える　これは，話を構成する要素を検討するうえで重要な考え方です．何かを語ろうとするとき，「あれもこれも」入れてしまい，複雑な説明になってしまうのは，よく経験することでしょう．そこで，その話の要素の一つひとつについて，「仮にこれを言わなかったら」と考えてストーリーを再構成してみるのです．なんとかその要素なしで説明をしようとしても，意外に重要な点は言えることが多いと気づくはずです．この考え方は，実はその要素の重要性を考えるうえでも有効です．説明のなかでどうしても欠かせないもの，あったほうがよいがなくてもよいもの，あってもなくてもよいもの，のように優先度がわかるし，その検討のあいだに，複数のストーリーが出てくる場合もあるでしょう．

　また，「なかったら」と考えるのは，不要な単語を探すにも有効な発想です．先に出した私の研究テーマでは，最初の言い方では「エンドファイト」という単語が連発されていますが，これは「植物の体内で生きている菌」といえば，使わないで済みます（正確には「病徴を発することなく，植物の体内で生きている菌」ですが，「病徴云々」はここでは言わなくても問題ありません）．同様に「ITS-5.8S領域をもとにしたバーコーディング」は，「特定の遺伝子を比較」といえば，ここでの話題の理解には十分です．サイエンスコミュニケータとして，複数の話法を用意するのは必要な能力だと思われますが，このような考え方はそのトレーニングにおいても有用でしょう．

(iv) 英語で言ったら，を考える　この方法は，黒木[3]にも取り上げられています．日本語は，主語がなくてもよいし，日本語を母国語とする人にとっては，言外の意味も含めて考えられるため，焦点が絞り切れないのに，それに気づいていない場合があります．たとえば，シンポジウムのタイトルで「●●の分布」とか「××の進化」のようなものはよく見かけます．しかし，実際に集まった演題を見ると，分布論や進化論の話題とはいえ，実際には「分布を制限する因子」が重要であったり，「種分化」が主題であったりすることがあります．もちろん，「分布制限因子」や「種分化」はいずれも分布論や進化論の重要なテーマなので，間違っているわけではありません．しかし，集まった演題をもとに話題を整理するさいに，別な言語（たとえば，英語）で考えてみてください．

evolution（進化）や distribution（分布）があまりに広い範囲を示していて，焦点が絞り切れていないことに気づくでしょう．

上で述べた思考は日本語だけでも可能なはずです．しかし，なぜか英語などほかの言語で考えると，不整合に気づかされる場合が多くあります．これは非母国語であるがゆえに各単語の選択により注意深くなっているせいかもしれません．

6.1.4 コミュニケーションは，サイエンス外にも使えるテクニック

本章では，研究活動にともなうサイエンスコミュニケーションの必要性とノウハウについて考えてきました．わざわざ「サイエンス」と断ってはきましたが，最初に述べたように，「コミュニケーション」は，あらゆる成熟しつつある分野，成熟した分野に必要です．人類が抱えている知的な財産（法的な意味に限定したものではなく，知識一般）はどんどん増加しています．しかし，それを抱える人間の数はそれほど増えるわけではありませんから，一人あたりが扱わなくてはならない知的な財産は増える一方です．それを賢く運用するためには，知識のまとまりや学問の分野どうしが連携していくことが必要です．自分ができない部分や不足している部分をほかの分野から得て応用したり，ほかで足りない部分，求められている部分を提供することができれば，より面白い，広がりをもった研究がなされるでしょう．実際，生物模倣学（バイオミメティクス）の分野は，生物学的な情報を工学に応用して発展していますし，情報処理の理論は，社会学や生態学のさまざまな分野に応用されています．私自身が経験した思いもかけない異分野の交流によってもたらされた実例に，次のようなものがあります．

菌類は植物と異なり光合成をしないので，栄養を自分で作り出すことができません．そのため，いろいろな生物に寄生したり，共生することによって栄養のやりとりをします．そのような生物間の相互関係は，複数の点どうしがつながるネットワークのようなものになることは想像に難くないでしょう (1)．

一方，Amazon や YouTube のようなサイトを利用すると，「おすすめ」として，別なコンテンツが表示され，アクセスをうながされることがあります．これは蓄積されたデータをもとに，さまざまなアルゴリズムによって，コンテンツとその選択者の傾向を割り出し，まだ選んでいない人に対して「おすすめ」する

サービスです．人によっては「余計なお世話」ですが，一定の傾向のコンテンツを網羅したい人が，選び損ねることを考えると，「おすすめ」してくれるほうがありがたいと考えることもできます（2）．

　上の（1）は生態学的な研究で，（2）は工学や人工知能という研究の文脈でそれぞれ語られ，両者には直接の関係はありません．しかし，（2）において，ある人→商品（コンテンツ）の関係を相互関係と考えると，両方とも相互関係についての研究の一つと考えられます．そこで，ラタチャイら[4]は，（1）の生物相互関係において，（2）の原理を利用して，「未知の生物相互関係」を推測する方法を考えました．多数の生物相互関係のデータを集め，「寄主と宿主」のあいだの関係を「消費者とコンテンツ」のように読み替え，未知の宿主を「おすすめ」するのです．これは，たとえば，未知の宿主の可能性を示唆したり，寄主が宿主に病気を起こす場合には，その予防について応用できるテクノロジーとなります．また，生物相互関係に基づいて，生物の同定をする一助ともなります．

　生態学の世界と人工知能の世界は，もともとはまったく交流がありません．だから，（1）と（2）も，一見なんの関係もありません．しかし，両者が「相互関係」をキーワードにしたものであることがわかり，「相互関係」でその本質を説明できることにより，二つの分野が連携し，より新しく，面白い研究に発展することができました．

　一人の研究者がなんでもこなし，研究を進められる分野は，もはや限られています．異分野の連携を進め，研究を発展させるため，互いの理解を促進するコミュニケーションは，研究自身とは車の両輪のような関係にあります．コミュニケーションは，今後ますます重要になるに違いありません．

　本節で述べてきたノウハウは，コミュニケーションの基盤となるわかりやすい説明をするためのものですが，その本質は，知識を整理し，編集して伝える作業にほかなりません．それらの技巧については松岡[5]がまとめていますが，すでに気づかずに実践していることも多いでしょう．しかし，意識して筋肉を使うとその部分の筋肉が鍛えられるように，意識してテクニックを使うことが上達につながります．かくいう私もまだまだ未熟ですが，読者とともに，日々鍛錬していきたいと思います．

〈細矢　剛〉

6.2 映像で伝える

6.2.1 はじめに——テレビは「オワコン」か？

「みなさん，日頃テレビ見てますか？」

私が子どもの頃はテレビ全盛期．親たちはテレビに子守りを任せていた時代です．そうして育った私がテレビ局に就職してはや20年．魅力あふれるテレビ番組を目指して，ときには徹夜も辞さず働いています．

でも近年，インターネットの爆発的な普及によって，テレビのおかれている状況は激変しています．2017年にはネットニュースの「まとめ記事」が，不確かな情報やコピペだらけだと問題になりましたが，玉石混交なインターネット上の情報が何万何十万という人に影響を与える時代がやってきたのです．テレビメディアはもはや「オワコン」＝終わったコンテンツなどと呼ばれるようにもなりました．

ところが，勇気を与えられるデータに出会いました．総務省の情報通信白書（平成28年版）に示された「おもなメディアの平均利用時間」という調査です（図6.1）．平日1日あたり全世代が平均してもっとも長時間利用しているメディアは，依然ネットではなくテレビだというのです．

この数字は，テレビという「映像メディア」が今なお私たちにとってもっとも身近な存在であることを物語っています．私はその理由が，テレビという装置にではなく，「映像」という情報伝達手段にあると感じています．テレビ番組に限らず，アマチュアビデオでもネット動画でも，映像で伝えられるものは非常に大きなインパクトを私たちに与えます．だからこそ，「映像で伝えるとはどういうことか」をよく考えることは，とても大事なのです．

では早速，私が日々生業としている「テレビ番組制作」のプロセスと実例を通じて，一緒に考えていきましょう．

6.2.2 おいしい「テレビ番組」の作り方

一口に「テレビ番組」と言っても，いろいろな種類があります．ここでご紹介するのは，私がディレクターとして5年間制作に携わったNHKの生活科学

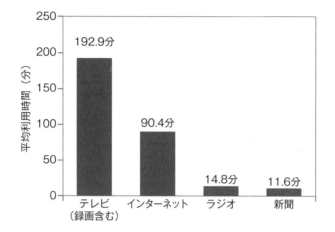

**図 6.1　おもなメディアの平均利用時間
（2015 年・平日 1 日あたり）**
[「通信情報白書 平成 28 年版」，総務省をもとに作成]

番組「ためしてガッテン」（2016 年 4 月からは「ガッテン！」に改題）の作り方です．「科学を伝える」ということを考えるうえで，私にとってはこの「ガッテン」の作り方が基礎になっているからです．

　ディレクターとは，番組の企画制作者．いわば番組という料理を作るコックさんです．といっても，すでにレシピが決まった料理を作るわけではありません．毎回何を食材（題材）にして，どんな調理法（伝える情報の要素）や味つけ（演出）で料理（番組）を仕上げるか，考えなければなりません．日々苦労しているのは「題材探し」です．どういう話題や情報を取り上げ，何を伝えるのか．それを A4 一枚の「番組提案書」にまとめます．でも番組提案は，そう簡単に採択されるものではありません．その番組が本当に視聴者の心に刺さるものか，伝えるべき題材であるか，いろいろな人の目で審議され，「共感」されて初めて，その番組を作ることができるのです．

　提案が採択されたら，いよいよ詳しい取材をはじめます．インターネット・新聞・雑誌・書籍・論文といった文字メディアの情報に大量にあたり，「この専門家・研究者などに直接話が聞きたい」となれば，どんどん会いに行きます．すでに誰かが伝えている「一度フィルタリングされた情報」ではなく，「生の情報」に直接触れることが大事．コックさんだって，加工済みの食材で料理は

しませんよね．どれだけ鮮度や質のよい食材（情報）を手に入れられるかが，腕の見せ所です．

　ここまでは，情報系番組に共通した「下ごしらえ」．科学番組，とりわけ「ガッテン」では，ここから「独自の努力」が始まります．「予備実験」と呼ばれる作業です．どれだけ研究者に取材し論文を読んでも，たとえば自分がテーマに選んだ「超おいしい卵焼きの作り方」についての研究など存在しません．有名店の卵焼きの作り方や，卵の性質に関する研究などをもとに，「どうすれば超おいしい卵焼きが作れるのか」，自ら実験して明らかにしなければならないのです．それが「予備実験」です．

　このとき重要なのが「仮説を立てる」こと．やみくもに実験を行っても，なかなか求める答えにたどり着けません．そこで自分が取材で得た知識や情報をもとに，「こういう条件で作れば超おいしい卵焼きができるのではないか」という仮説を立てます．そのうえで実験を行い，仮説が正しくなければその理由を検証し，仮説を立て直して再実験．「これなら視聴者に自信をもって伝えられる」という超おいしい卵焼きの作り方にたどり着けるまで，仮説→実験を繰り返します．私も，ストップウォッチや温度計などを手に，いくつ卵焼きを作り続けたか数え切れません．

　こうして自分が求めるものにたどり着けたら，いよいよ「番組をおいしく料理する作業」に入ります．決められた番組時間のなかで，どんな情報をどんな順番や伝え方で提示するか．つまりは「番組のストーリー＝構成」を考えます．いろいろな人の意見やアドバイスをもらいながら，何度もレシピ（構成）を練り直します．構成が決まったら，撮影クルーを引き連れて「ロケ」を行い，撮れたものに応じてまた構成を練り直し，編集作業を行って大量の映像から「ここぞ」という部分だけを選び抜き，つないでいきます．

　「ガッテン」の場合は，そうして作り上げた映像のあいだにスタジオがはさまります．スタジオでは，視聴者代表である出演者からどんな疑問を引き出し，どんな議論をし，どんな解説を加えていくのか．その盛り上がり次第で番組の仕上がりが決定的に変わるのが，「ガッテン」の難しさであり面白さでもあります．

　事前にロケした映像とスタジオ部分をあわせて，放送時間の長さに編集し，ナレーション・音楽・字幕を入れて，ついに番組が完成．広く視聴者の皆様に

届けられ，お召し上がりいただけます．レストランと違って，食べてみてどうだったという反応が直接わからないので，毎度ドキドキします……．

　以上が「ガッテン」という科学番組ができるまでの流れです．おいしい番組の要件は，視聴者が新鮮みをもって受け止めてくれるかどうかにあります．そのためには「どこかですでに提示された情報を集めて並べただけ」ではダメ．取材で得た新しい情報や知識をもとに「仮説を立て，検証する」なかで，① その情報・知識は本当か，② そこからどんな新しい気づきが得られるか，を精査していくことが重要です（仮説を立てても検証せぬまま伝えてしまったら，たんなる「妄想・デマ」になってしまう恐れがあります）．その過程で，番組ディレクターの「何を伝えたいか」という視点や意識が反映され，同じテーマでも 10 人ディレクターがいれば 10 通りの異なる番組ができあがることになります．

　実はこの「仮説を立て，検証する」という作業は，「映像で伝える」からこそより一層重要になってきます．どういうことなのか．次は「映像で伝える醍醐味とこだわり」について，私が制作した番組を例に掘り下げていきます．

6.2.3 「論より証拠」の映像メディア

　突然ですが，自分が書く「字」に自信がありますか？　デジタルな現代でも，ペン字講座や美文字の練習帳といったものが人気を集めています．文字が美しいとそれを書いた人も美しく，逆もまたしかり，だなんて思ったりしますよね．なぜ手書き文字に「人間性」まで感じてしまうのか．そんな素朴な疑問をきっかけに私が制作した「ためしてガッテン」があります．題して「さらば！クセ字＆悪筆　1 時間で美文字に変身」（2008 年 10 月 8 日放送）．その番組で私がどんな仮説を立て，どう検証したかをお話しすると，「映像で伝えるときに何が重要か」がおわかりいただけると思います．

　そもそも手書き文字は，筆跡を見ただけで書いた個人を特定できるほど人それぞれです．学校ではみんな同じ手本で字を覚えるのに，なぜそれぞれ違う「自分の字」になるのか．まず私は文字が脳内でどう情報処理されているかについて，専門家に取材しました．すると，脳内には，その人にとってのさまざまな文字の形を「テンプレート」のように記憶している場所があることがわかりました．字を書くとき，いちいち字の形を意識して手を動かしませんよね？　字を

学習し，脳内に自分の「文字テンプレート」ができると，人はそれを無意識のうちに参照して文字が書けるようになります．つまり「クセ字」とは，その人の「脳内テンプレート」の字の形にクセがある，ということです．私はそれを「脳内文字」と名づけることにしました．

　ここまで読んで，「脳内文字」がどんなものか，ある程度は理解できたと思います．ところが映像で伝えるとなると，容易ではありません．私が文章で書いたようなことをアナウンサーや研究者がカメラの前で説明したら，十分伝わるでしょうか．「脳内文字なんて，番組の都合でひねり出した妄想じゃない？」なんて思う人もいると思います．

　どうすれば「脳内文字」という新しい概念を視聴者にガッテンしてもらえるか．ここで出てくるキーワードが，「論より証拠」です．個々人の「脳内文字」を「目に見える形」で引っ張り出して見せないことには，納得してもらえないと，私は考えました．でも，手を動かして文字を書いたら，それは「脳内にイメージされた文字の形」なのか，「意識的な手の動きで書かれた文字の形」なのか，判別できません．手を動かさずにその人の脳内文字の形をあぶり出すには，どうすればよいのか．そこで考えたのが，「文字の形を図形としてとらえればよいのではないか」という「仮説」です．

　そこで予備実験．ホワイトボードに小さな丸い磁石をいくつも並べます．それを好きなように動かして，たとえば「心」という文字の形を作ってもらいました．案の定，「心」というシンプルにして難しい漢字の形は，人によってそれぞれでした．しかも，「丸磁石を並べて作った『心』の文字」と，事前に無意識に書いてもらった「手書きの『心』の文字」を比べると，ピタリと一致したのです．

　こうした「仮説と検証」から，この方法なら個々人の「脳内文字の形」をあぶり出せると確信した私は，いよいよ番組で行う「本実験」を考えることにしました．予備実験のような方法だと，自分の手で丸磁石を動かさなければなりません．ペンであれ丸磁石であれ，手を動かした途端に，それが本当に脳内文字の形といえるのかどうか，うやむやになってしまいます．そこで本実験では，「まったく手を動かさずに，文字の形を作る」方法を考えました．黒いつなぎのボディースーツを着たバイトさんたちを集め，彼らに「丸磁石のかわり」になってもらうことにしたのです．広いスタジオの床に白い板を敷き，その上に

「丸磁石くん」たちに並んで立ってもらいます．それをスタジオの天井から真下に向けて取り付けたカメラで撮影すると……黒いボディースーツを頭からかぶった「丸磁石くん」一人ひとりが，まさに小さい丸磁石のように見えるではありませんか．ここで被験者に，「丸磁石くん」たちを真上から映したモニターを見ながら，好きなように彼らを動かし，自分が思う「心」という文字の形を作ってもらいました．これならば「左から3番目の人，もう少し右！」などと口で指示するだけで，手を動かさずに文字を形作れます．ここまでやって初めて，「その人の脳内文字の形を浮かび上がらせる」ことに成功したのです．

　そんな大げさなことをしなくても……と思われるかもしれません．でも，これこそが「映像で伝える醍醐味」だと私は考えています．文章で説明されただけでは，印象に残らず忘れられてしまうかもしれない．でも，黒いボディースーツ姿の「丸磁石くん」たちが動き回り，脳内文字の形を見事に作り上げるという映像は，見た人に「理屈を超えたインパクト」を与えられるのではないでしょうか．それが「映像の力」だと，私は思います．「ただならぬもの」を見たという印象が強くその人の脳を刺激し，大切なことをきちんと伝えるパワーになる．そういう映像の力をどう活かすかが，とても大事だと考えています．

　インターネットの動画サイトでも，一般の方が投稿したオモシロ映像がたちまちシェアされ，世界的ブームになることも珍しくありません．その拡散力や影響力は，文章で表現されたネット記事よりもずっと大きいといえるでしょう．人間の脳は，動く映像から受ける刺激が非常に大きく，冷静に考えたり判断したりする間もなく受け入れてしまうことも少なくありません．映像の力を悪用すれば，言葉以上に容易に人をだましたり，信じ込ませたりすることも可能です．映像のもつ力の強さを正しく理解し，活用することで，「伝えたいこと」が「伝わる」ようにする．「仮説と検証」を重ねながら，その方策に知恵を絞るのが，「演出」というものなのです．

6.2.4 「伝える」を「伝わる」に変える魔法の調味料

　NHKには，番組を制作する「ディレクター」と，番組の品質や制作進行・予算を管理する「チーフ・プロデューサー」のあいだに，「番組デスク」と呼ばれる役割が存在します．経験を積んだディレクターがプロデューサーの補佐として，後輩ディレクターの指導にあたるのです．私もディレクター時代，先

輩のデスクたちからいろいろな指導を受けました．とくに厳しく鍛えられたのが，「見る人の心に『伝わる』番組を作れ」ということです．

「わかりやすい番組を作ったことで満足するな．『わかりたくなる』番組をどう作れるか．『伝える』と『伝わる』とでは，一字違いで大違いだ．」

こんな先輩の言葉は，今でも私にとって金科玉条となっています．視聴者の心理を科学的に分析し，見る人の気持ちの流れに沿って構成・演出する．この仕事に就いて20年が経つ今も，それをつねに意識し，模索し続けています．見る人の心理なんて，人や時代によっても変わります．でも人間の脳の性質を考えると，時代や年齢・性別を問わず，普遍的にいえることがあるように感じています．

実は人間の脳では，記憶の中枢である「海馬」という部位が，喜怒哀楽の感情を生む「扁桃体(へんとうたい)」という部位と密接に連関していることがわかっています．感情が大きく高ぶったときに経験したことは，生きていくうえで重要なことだと判断し，しっかり記憶にとどめようとする，というのです．ずいぶん昔のことなのに，すごく感動したり，大笑いしたり，びっくりしたり，悲しかったり，憤ったりしたときの出来事は，断片的であれ鮮明に覚えている．そんな経験はありませんか？

想像してください．抑揚もなく淡々と話す人と，身振り手振りで楽しそうに話す人．どちらに耳を傾けたくなりますか？　何かを伝えるとき，「相手の感情を揺さぶる調味料」で味つけをすれば，相手が思わず「もっと知りたい」と感じるような魅力的な伝え方ができるのではないでしょうか．その「魔法の調味料」とは，「楽しさ・喜び・驚き・感動」など，心の針が大きく振れる要素だと思います．これらを意識して伝えられるかどうかで，「伝える」が「伝わる」に変わるかどうかが決まるのです．

大事なことを伝えるときには，まず相手の感情を揺さぶり，注意を喚起する．期待させる．そこにポンッと伝えたいことを放り込めば，きっとストンと心に落ちて，じわじわとしみこんでいくでしょう．ただし時々テレビ番組は「あざとい」テクニックを使うことがあります．たとえば健康情報番組で「これを見ないと死にますよ」と言われたらどうでしょう．確かに見ざるを得ない気持ちになるかもしれませんが，気持ちのよいものではありません．「無理やり」ではなく「つい見たくなる，知りたくなる」気持ちをどう引き出すか．そこが勝

負です．

次は，そんな気持ちにさせる具体的な方法論について，考えてみましょう．

6.2.5 その先を知りたくなる「映像の話法」とは

「映像で伝える」といっても，実は日頃私たちが大変な労力を割いているのが，「映像にあわせてナレーションするコメント」を書く作業です．各カットの映像の長さいっぱいのコメントを書いてしまうと，映像を味わういとまもなく，ナレーションばかりのような番組になってしまいます．映像を見る人に心地よいリズムで届く言葉を紡ぐことが大切です．

欧米のドキュメンタリー番組は，日本の番組と比べて圧倒的にナレーションの量が少ないです．低くて渋い男性ナレーターの声で，ポツンポツンと最小限のコメントをおいていくような番組をよく見ます．一方日本では，番組の雰囲気によっていろいろな声質・しゃべり方のナレーターを起用し，コメント量も多いです．「映像で伝える」とはいえ，目ではなく耳から入ってくる情報も，伝わり方を左右する大事な要素になっているのです．それはおそらく，「日本語」というものが英語と比べて言語表現が豊かなうえ，日本人が言葉というものを重要視しているからではないかと私は思っています．もっとも最近では，NHKも欧米のような「ノーナレーション・ドキュメンタリー」にチャレンジしはじめています．ナレーションは一切なく，言語情報は登場人物のインタビューのみ．でもやはり「映像と音声の総合作品」であることにかわりはありません．

映像にどういうコメントをのせて視聴者をいざなっていくか．コメントとは，その映像を「どう見てもらいたいか」という，伝え手からのメッセージです．

実例をあげましょう．私が制作したNHKスペシャル「メガクエイク　巨大地震」という番組（第3集：巨大都市を未知の揺れが襲う．2010年3月7日放送）のなかで，「長周期地震動」という非常にゆったりした揺れが高層ビルにもたらす大揺れの脅威を取り上げました．以下は，1985年のメキシコ地震のときにメキシコシティの高層住宅団地で特定の高さの建物に被害が集中したことを説明する場面です．左段の「見せる映像」と右段のQという記号に続けて書かれた「それに付けるコメント」を対応させながら読んでみてください．

① 被災直後の空撮映像　　　　Q：地震で崩壊した高層団地です．
② CG 高さ別被害率グラフ　　Q：大破した建物の高さを調べると，被害は14階建て前後の建物に集中していました．
③ 破壊されたビルの映像　　　Q：実は，地震の揺れの周期によって揺れやすい建物の高さが決まるのです．

　情報は実にシンプルです．でもこのコメント，私が番組で実際に書いたコメントではありません．「伝わらない悪い例」として，あえて淡々と情報を並べたものです．
　実際に私が番組で書いたコメントは，次のようなものでした．

① 被災直後の空撮映像　　　　Q：不思議なことに，崩壊した建物のすぐ隣に，ほとんど被害のない建物が多く残されていました．
② CG 高さ別被害率グラフ　　Q：大破した建物の高さを調べると，ある事実が判明しました．
　　　　　　　　　　　　　　　　被害は14階建て前後の建物に集中していたのです．
③ 破壊されたビルの映像　　　Q：特定の高さのビルが被害に遭った原因は，建物の高さと，地震の揺れの周期の，密接な関係にありました．

　どれほどよいコメントかはさておき，これは「映像をいざなうコメント運び」の一例です．ポイントは「相手に興味をもってもらいたい対象に的確に誘導する」ことにあります．
　最初の被災現場の空撮映像は，ただ見せられても，無残に倒壊した高層住宅にしか目は行きません．でも視聴者に気づいてほしいのは，「そのすぐ隣になぜかほとんど無傷で建っている高層住宅がある」という不思議さでした．それこそが，特定の建物をねらい撃ちする長周期地震動ならではの脅威を物語るからです．そこで「不思議なことに」と語り出し，何に驚いてほしいかを明示し

ました．

　次に2番目のCGグラフ．異なる階数の高層住宅のうち，とくに14階建て前後の建物が集中的に被災した，というデータです．情報はそれだけですが，前の映像で疑問を抱かせたからには，このグラフの情報が「山場」．そこで，「ある事実が判明しました」と一呼吸おき，何が出てくるのか期待させます．すると画面にCGの棒グラフが伸びてくる．大事な情報のときには，語尾を「のです」にします．「これ，大事な情報ですよ！」というサインです．

　そしていよいよ次の話に展開する3番目の映像．ふたたび被害を振り返りながら，「原因は，●と●との密接な関係にありました」という表現で，次に伝えたい「なぜか」という疑問へと好奇心をつなぎます．スタスタと説明すれば，こんなに段を踏む必要はない情報量です．しかし，自分が伝えたい「長周期地震動とはなぜ脅威なのか」ということに，いかに視聴者の興味を引きつけられるか．小難しい話は苦手な人にも，つい聞き耳を立てさせられるか．そこで「映像とコメントが一体になった『ストーリーテリング』」が大事になるのです．

　ちなみに，3番目の破壊されたビル映像のように，そこで述べるコメントが映像の何かを具体的に指し示さない場合，背景で流れる映像を「コメントバック」といいます．「コメントバック映像」に何を使うか次第で，そこでのコメントがグッと引き立つかどうかが決まります．映像は音声以上に強い情報であるため，コメントの内容に意識を向けさせたいときには，その内容とマッチした「コメントバック映像」を慎重に選ぶ必要があるのです．

　映像につけるコメントには，文章だけのときとは違う「独特な話法」があることがおわかりいただけたでしょうか．新人時代はつい「文字情報」としてコメントを書いてしまい，先輩や上司に叱られました．でも何度も映像にあてるコメントを考え抜くうち，今では映像を見ると，そこで聞きたいコメントがBGMのように頭のなかに流れるようになりました．それでも慎重にコメントを練り直し，たかだか10秒のカットのコメントに1時間考え抜くこともあります．視聴者はそこまで真剣にコメントを聞いてはいないかもしれませんが，それでもベストと思うコメントにたどり着くまで，妥協はできないのです．

6.2.6　本当に伝えたいのは「情報」ではない

　「映像で伝える」さいのテクニックは，まだいろいろあります．たとえば，「専

門用語をうまく使う」．素人にはわかりにくい専門用語でも，「ここぞ」というところであえて打ち出すのは効果的です．先ほどの長周期地震動の番組では，「共振現象」という言葉を，大きな字幕で見せて印象的に使いました．伝えたい大事なことをシンボリックな専門用語で印象づけるという，一つのテクニックです．

でも私が最後に伝えたいのは，そんな技術論ではありません．映像であれ文字であれ，本当に伝えたいことは何なのか．私たちが誰かに伝えるものは「情報」です．でもそれ以上に「伝えるべきこと」があると私は考えています．

情報以上に伝えたいものとは何か．それは，「メッセージ」です．

先例の「メガクエイク　巨大地震」の場合，私が伝えたかった「情報」は，

「マグニチュード7を超えるような大地震では，周期が数秒以上のゆったりした揺れ（長周期地震動）が発生し，それと共振した高層建物はこれまで経験したことのないような大揺れに襲われる危険性がある.」

ということでした．でも，私が本当に伝えたかった「メッセージ」は，もっと大きなことでした．

この番組が放送されたのは，奇しくも2011年3月11日の東日本大震災の一年前．当時の日本にとって「大震災」といえば，1995年の阪神・淡路大震災でした．そのとき話題になったのが，直下型地震によって発生した周期1秒程度の衝撃波のような強い揺れ（「キラー・パルス」などと呼ばれました）です．これに共振した低層の一般家屋などが数多く倒壊しました．一方，揺れやすい周期（固有周期）が数秒以上と長い高層ビルは，周期の短い揺れには共振しません．そこで免震装置によって建物の固有周期を長くし，キラー・パルスによる被害を回避する技術も一気に広まりました．

ところが，科学的には予想されながら「経験したことがない」という理由で見過ごされてきたのが「長周期地震動」です．こうした揺れが問題になるのは非常に大規模な地震だけであるため，東日本大震災でマグニチュード9を経験するまで，日本の超高層ビルは長周期地震動の脅威を味わったことがありませんでした．

しかし南海トラフ巨大地震など，「未経験だが科学的には起こりうる巨大地震」を想定しはじめた科学者たちは，もし強い長周期地震動が都市を襲ったら超高層ビル群は本当に大丈夫か，と懸念するようになりました．そうした「未

知のリスク」を実証的に伝えるのが，私の番組のねらいでした．取材の過程で私が痛感したことがあります．海をどんどん埋め立ててできた軟弱地盤に，技術力で超高層ビルを林立させ，狭い土地に豊かな都市文明を築いてきた日本．でもそれは地震国において本当に「安心できる都市の姿」なのか，ということです．関東大震災を経て，東京大学地震研究所（私が大学院生時代に在籍していたところ）を創設した一人である物理学者・寺田寅彦は，「天災と国防」と題する随筆の中で，こう述べています．

「文明が進めば進むほど，天然の暴威による災害がその激烈の度を増す」

そうなのです．もし高層ビルなど存在しなければ，長周期地震動はたんなる船の大揺れのようなもので，大きな脅威にはなりません．しかし超高層の過密都市を築き上げたことで，それが大揺れするという「新たな脅威」を私たちが自ら生み出したのです．豊かな都市文明を享受する私たちが，その裏にある「未知のリスク」をどこまで知っているのか．文明の進歩には光と闇があり，私たちはその闇の面からも目をそらしてはいけない．それが，私が一番伝えたかった「メッセージ」です．だからこそ，それが何より伝わるように番組のストーリーを組み立て，映像とコメントを編み上げました．どこまで伝わる番組になったかは，DVD化されていますのでぜひご覧いただきたいです．

「情報」そのものは，誰が伝えてもそう大差はないでしょう．でもあなたが伝えたい「メッセージ」は，あなたにしか伝えられません．それを「映像と音声の総合力」によってどう伝えるか．正解なんてありません．ぜひ試行錯誤してください．そして，見てくれた相手がどう感じたか分析し，研究してください．それが私がみなさんにおすすめする「科学『的』コミュニケーション」です．みなさんの飽くなき探求を，心から応援します． (井上智広)

6.3 文章で伝える

6.3.1 なぜサイエンスライティングなのか

縁あって，東京都文京区に14年ほど住んでいました．かつては文人墨客あ

るいは学者が多く居を構えていた地です．最初の6年間は小石川植物園の近くで暮らしていました．その植物園の横を通るたびに思い出す文章があります．物理学者で文筆家としても名高かった寺田寅彦（1878〜1935）が書いた「団栗」という珠玉の掌編です．早逝した妻が残した幼い娘といっしょに植物園に赴き，ドングリを拾う娘の姿に亡き妻の面影を見るという作品です．

随筆「団栗」は文芸作品ですが，寅彦は科学随筆でも健筆をふるいました．そのことから，稀代の科学啓蒙家としても評価されています．「天災は忘れた頃にやってくる」とか「ものをこわがらな過ぎたり，こわがり過ぎたりするのはやさしいが，正当にこわがることはなかなかむつかしい」といった名言が有名ですね（ただし前者は，どの著作にも登場しておらず，ふだん寅彦がよく口にしていた言葉の伝承とされています）．

寅彦の時代の「科学の啓蒙」という呼び方は現在はもう使われなくなっています．「啓蒙」という言い方は，「無知蒙昧な民を啓発して導く」という上から目線の行為を指すイメージが強いからなのでしょう．科学技術が複雑多様化したことから，科学技術全般に関して権威的に教え導けるような専門家はもはや存在しようのない時代です．「啓蒙」という行為自体がそもそも成り立ちにくくなっているということもあります．

ただし，科学的とはどういうことかという，広い意味でのサイエンスリテラシーを語ることは，科学の専門家なら誰にでもできるはずです．ここでいうリテラシーとは，たんなる知識ではありません．知識を使いこなせる力，必要な知識を自力で収集できる力でもあります．比喩的な意味で，まさに科学に関する「読み書き能力」なのです．

一般の人びとが，科学の個々の分野に通じている必要はありません．現代にあっては，科学は社会に対して何ができるのか，社会は科学に何を期待し，どういう方向を目指すべきかに関して，一人でも多くの市民が関心をもち，社会的なコンセンサスを作り上げていくことが必要なのです．そうした理念と，それを実現するための活動こそがサイエンスコミュニケーションです．そしてそのためには，すべての人が，科学に関してある一定レベル以上のリテラシーを共有することが望ましいはずです．この意味でサイエンスコミュニケーションとサイエンスリテラシーは社会を動かす車の両輪となります．

とはいえ，科学の伝え方には工夫が必要です．それについては，弟子として

寅彦の科学的方法と文人気質をもっともよく受け継いだ，やはり物理学者だった中谷宇吉郎（1900〜1962）が，いみじくも次のような文章を残しています．

> 科学を文化向上の一要素として取り入れる場合には，広い意味での芸術の一部門として迎えた方が良い（中略）．その場合科学の美を既知の他の芸術の美に類するものにしようとしないで，事実の羅列の面白さの中に美を求めるようにしなくてはならない（中略）．そしてこの面白さの美に客観性を与えるためには科学の知識と科学的の考え方との正しい普及をはかれば良いので，それには自然現象に対する疑問の出し方とその追求の方法とそれで得られた知識とを報告すれば良い．
>
> 中谷宇吉郎『科学と文化』より

私自身は，サイエンスコミュニケーションという理念を知り，積極的に関わるようになる以前から，サイエンスライティングを生業にしていました．したがって，たくさんの科学随筆を残し，雑誌「科学」の創刊にも関わった寺田寅彦や中谷宇吉郎は偉大な先達でした．しかし，サイエンスコミュニケーションの促進に携わるようになって以降，寅彦自身が実は，いわゆる「科学啓蒙家」の枠にとどまらない偉大なサイエンスコミュニケータでもあったことに気づきました．それが，拙著『一粒の柿の種』という書名を寅彦の単文集『柿の種』から採った所以です．

寅彦の同書の扉には次のようなエピグラフがあるのです．

　棄てた一粒の柿の種
　生えるも生えぬも
　甘いも渋いも
　畑の土のよしあし

過去の科学啓蒙は，たとえていうなら「科学の種を蒔くだけ」に終わっていたのかもしれません．寅彦は謙遜して「棄てた」種と述べていますが，肥えた土に蒔けば，放っておいても種は発芽し，それなりに生長することでしょう．しかし肥えた土もやがては痩せていきます．立派な木を育てるには，種を蒔く

場所の土壌を勘案し，蒔く種の種類を選び，蒔いたあとの世話も怠ってはいけないはずです．

サイエンスコミュニケーションが目指す目標の一つは，科学を文化に浸透させることです．その意味で，身近な不思議を科学したり，身辺雑記のなかにさりげなく科学を紛れ込ませた寅彦や中谷の随筆は，まさにサイエンスコミュニケーションの実践だったといえるでしょう．

サイエンスの「理(ことわり)」がもたらす歓びを一人でも多くの人と共有するうえでは，文章が大きな役割を果たし得ると，私は信じています．また，サイエンスを語る，伝えるうえでは，語り口，話の組み立てをどうするかといったストーリーテリング（語り）のスキルが重要となります．私が，サイエンスコミュニケーションを学ぶうえでサイエンスライティングを第一に推すのは，そういう理由からです．

そこでは，ストーリー作りも重要ですが，無味乾燥な語り口では，話題がいかに刺激的でも興ざめです．いみじくも，18世紀フランスの博物学者で名文家としても知られたビュフォン（1707～1788）が，「文は人なり」という名文句を残しています．この言葉は，アカデミー・フランセーズの終身会員に選ばれたビュフォンが行った，「文体論」と題した入会演説の最後に登場しています．

> 優れた文章で書かれたものだけが後世に残ることになります．知識の量，事実の奇異さ，発見の斬新さは，その仕事の永続性の保証にはなりません．そうした特質を備えた仕事でも，些事に関するものだったり，味も素っ気もない文章で書かれていれば，消滅するしかありません．なぜなら知識や事実，発見などは，たやすく取り外されて持ち去られ，もっと有能な人の手に落ちかねないからです．そうした事態はその人の関与しないことです．しかし文体はその人そのものです．文体は盗まれようがないし，取り去られも変更もされえないからです．文体が高貴で高尚ですばらしければ，著者も永遠に賞賛されることでしょう．真理のみが永遠不滅なのですから．

6.3.2　サイエンスライティングの効用

国語の教科書には，小説，詩，随筆，紀行文など，さまざまなジャンルの現代文の秀作が収録されています．そのなかで目立つのが，いわゆる理系の文章

です．科学の教科書には，カリキュラムが定める事項以外は載っていません．ところが国語の教科書は，科学のカリキュラムの埒外にあります．そのため教育現場では，生徒たちは国語の教科書に載っている「科学系の読み物」を通して，科学の授業では教わらない科学の知識を得ているという現象が起こっています．

入試や試験の問題にも，理系の文章はよく登場します．論理が明快なため，設問を仕立てやすいせいかもしれません．奇しくも2017年のセンター入試の国語の問題に，小林傳司の「科学コミュニケーション」と題した小文が出題されました（出典は金森 修，中島秀人編，『科学論の現在』，勁草書房，2002）．

ただ，国語の教科書に載っているエッセイや小説，評論を読むのは楽しいけれど，試験問題にされるのはちょっとですよね．私自身，自分の文章が試験問題や問題集に使われたことがありますが，自分で正解を答えられるかどうかは自信がありません．

それはともかくとして，ここでいうサイエンスライティングはなにも，科学の解説記事や論説ばかりではありません．科学エッセイはもちろん，科学をネタにした小説やドラマ，ニュース記事，科学館の展示パネルなどもサイエンスライティングと呼びたいと思っています．

アメリカには米国サイエンスライター協会（National Association of Science Writers：NASW）という団体があります．この団体は，サイエンス系の作家，科学記者，研究機関・大学などの広報担当者，科学系博物館のライティング・展示企画スタッフなど，広い意味でのサイエンスライターあるいはサイエンスコミュニケータが属する非営利の職能団体です．2003年に会員の構成を問い合わせたところ，およそ2,500名の会員の6割が科学技術系ジャーナリストで，4割は広報担当者，全体の3割はフリーランスという答えを得ました[6]．

NASWはたんなる親睦団体ではなく，会員の互助会的な機能を果たしており，サイエンスライター志望者の育成などにも力を入れています．たとえば，サイエンスライターを目指す人向けのガイドブックを出版しているのです．その名も『サイエンスライターのためのフィールドガイド』[7]．錚々たる面々が執筆しており，その職種の多様さも印象的です．

そのことからもわかるように，英語圏でいうサイエンスライターはとても広い職種を包含しているのです．職種以外にも，科学の専門家ではない読者向け

に科学関連の読み物を書く人は，サイエンスライターと呼ばれたりします．たとえば進化学関連のポピュラーサイエンスでリチャード・ドーキンスと人気を二分するスティーヴン・ジェイ・グールドは，古生物学，進化学，科学史の専門的研究でもたくさんの実績を残していますが，一般向けの文章を書くときの自分はサイエンスライターだと生前に語っていました．サイエンスライターとは科学分野を扱う職業作家のみならず，そういう職能あるいは機能を果たしている人の一般的な呼称でもあるのです．つまり専門の科学者でも，一般読者を意識した執筆をするさいにはサイエンスライターとしての仕事をしていることになるのです．件のドーキンスは，研究者を完全にやめ，サイエンスライティング専業になった人です．

　その一方で，サイエンスライティングには，書き手にとっても効用があります．なによりも，書き手には，論理性と物語構築力が問われます．つまり自分を鍛えることになるのです．ひいては，自身のコミュニケーションスキルの向上に役立つということです．これは，研究者になるにしても，科学館で働くにしても，あるいはどんな職業に就くにしても，役に立つ修行でしょう．

　実は，科学者を意味する英語 scientist の語源にはサイエンスライターという意味も含まれていたのです．これは前述した拙著『一粒の柿の種』でも言及したことですが[8]，改めて紹介しましょう．scientist という言葉は，ケンブリッジ大学トリニティカレッジの学長だった哲学者ウィリアム・ヒューエルの造語です．一般には 1840 年といわれていますが，この語の初出は 1833 年の英国科学振興協会の年次総会です．活字としては，その翌年の 1834 にヒューエルが書いた書評に登場しています．そしてその書評の対象となった本の執筆者が問題なのです．

　それは，『物理科学の諸関係（On the Connexion of the Physical Sciences）』という物理学の解説書を書いたメアリー・フェアファックス・サマヴィル（1780～1872）という女性なのです．サマヴィルは，ほぼ独学で数学と物理学を学び，学術論文を発表するかたわらで一般向けの物理学と数学，天文学の本を執筆していました．つまり，当時の言い方では科学の啓蒙家，そう，今でいうサイエンスライターだったのです．その書評のなかでヒューエルは，アートに対してはアーティスト，エコノミーに対してはエコノミストというように，サイエンスに対してはサイエンティストという呼称がよいだろうと述べているのです．

広い意味での科学の専門家に対するライティングの効用とは別に，かねがね私は，生涯学習としての「サイエンスライティング」もありなのではないかと考え，そう吹聴してきました．サイエンスのテーマを選び，それについて調べて書くという作業は，本人のみならず社会の科学リテラシー向上にも貢献する作業となり得るはずです．小説を書くとなると敷居が高いでしょうが，ノンフィクションや科学エッセイならば具体的なイメージを膨らませやすいのではないでしょうか．

実は，米国では，フリーランスのサイエンスライターが地域コミュニティのカルチャーセンターでサイエンスライティングを教えているケースが少なくないそうです．そんな動きが日本でも登場することを期待しましょう．

6.3.3 サイエンスライティングのスキル

さてそこで，文章上達の秘伝はあるのかという話になります．古今，「文章読本」の類がたくさん出版されています．しかし，理系のためのレポート作成術を除けば，大半は作家のペンになるものです．そして，そうした「文章読本」を著した小説の大家たちはこぞって，日本語は非論理的な言語だという自説を唱えています．

文芸評論家の斎藤美奈子は，その名も『文章読本さん江』[9] なる名著のなかで，日本語は非論理的言語であるという件の「神話」を最初に唱えたのは谷崎潤一郎の『文章読本』で，それを三島由紀夫（『文章読本』）と清水幾多郎（『論文の書き方』）が肯定したことで強化されたと指摘しています．さらに，大作家たちはみな，文章のジャンルに貴賎はないといいつつも，文学作品を最高位に，実用書や専門書の文章は下位に位置づけてきたといいます．もしかしたら，論理的な文章は美しくないとの思い込みがあったのかもしれません．しかし，論理的な文章と誤解を生まない文章とは違います．さらには，サイエンスライティングにしても美しい文章であるに越したことはありません．そうでなければ，ビュフォンの言を待たなくても，伝えたいことも伝わらないどころか，手にとって読んでもらうこともままなりません．

とはいえ，名文でなければいけない，というわけでもありません．文章力を磨くにはまず，基本的な心得に従うことです．以下がその基本的な心得です．

① 書いた文章は必ずプリントアウトして音読する
② 読者は誰かを意識する
③ 一文は短くすることを心がける――ただし文章のつながりを大切に
④ 文章に凝りすぎない――かといって単調にならない工夫を
⑤ ふつうの言葉で書く――専門用語の使用に注意
⑥ 冒頭のつかみを工夫し，続きを読んでみようと思わせる
⑦ 定型的な決まり文句は避ける――効果的なたとえ（アナロジー）は有効

　心得①について，「なぜ」と思う人も多いかもしれません．みなさんはパソコンの画面で文章を書き，そのファイルをメールで提出するという操作に慣れていると思います．しかしそこに落とし穴があります．まず，文章を書いたら，必ず推敲する習慣をつけなければなりません．
　「推敲」とは，書いた文章を練り上げることです．学生のレポートで推敲していない文章はすぐにわかります．なによりも誤字脱字が多い．練り上げるどころか，読み直してすらいない証拠です．パソコンのモニター画面上での推敲もだめです．推敲は，紙のむだなどと思わず，必ずプリントアウトした文章に赤ペンを入れながら行うべきものなのです．プリントした文章は，客観的に読めます．それが大切なことなのです．
　では，「音読」とは何か．当然，声に出して読み上げることです．そうすることで，文章の流れ，リズムの善し悪しがわかります．長くて単調な文章は，読み上げると息切れしてしまうはずです．読んでいて頭にすうっと入ってくる文章がよい文章です．実際に声に出せない場所ならば，頭のなかで声を響かせながら黙読してください．これを励行するだけで，あなたの文章力は格段に向上するはずです．
　それ以外にも，細かい注意はいろいろあります．たとえば修飾語の位置．修飾語は被修飾語の前におくのが基本です．あたり前？　いえ，そうなっていない文章がけっこうあるから言っているのです．たとえば，「非常に」とか「とても」といった副詞，動詞や形容詞の前においていますか？
　修飾語のみならず，単語の語順は重要です．たとえば以下の三つの文章を比べてください．

- 澤村隊長と花と虫を観察するキャンパスツアー
- 花と虫を澤村隊長と観察するキャンパスツアー
- 澤村隊長といっしょに花と虫を観察するキャンパスツアー

これは，私自身が考えた大学構内での昆虫観察イベントの説明です．最初は，なにげなく最上段の文書を書きつけました．しかし，よく読むとたいへんな誤解を招くことに気付きました．そこで下二つの文章に変えてみました．誤解は招かないものの，パンチに欠けた文になってしまいました．そうなったら，ゼロから考え直すのが得策です．

よきメンターの添削指導を受ければ，文章力は確実に上達するでしょう．図を見てください．これは筑波大学で実施しているサイエンスライティング講座の作品例です．『国立科学博物館サイエンスコミュニケータ養成実践講座』でも同種の講義をしています．そこでは講座開始前にまず「科学との出合い」，講座終了時には「私にとっての科学系博物館」というテーマで 1,000 字程度のエッセイを書いてもらっています．図は筑波大学のほうの授業で，同じ受講生が講座受講前（図 6.2）と終了時（図 6.3）に書いた作品を比較した一例です．最初は真っ赤だった文章が，真っ白に一変しているのがおわかりでしょう．

ただしこれは，添削指導だけの効果ではありません．上述の基本的心得を肝に銘じるだけでも，このくらいはいけるはずなのです．メンターがいなければ，友達に読んでもらってコメントをもらうのもいいでしょう．

さてそこで，残る問題は，いかに魅力的な物語を紡ぐかです．たとえばこんなのはいかがでしょう．

6.3.4 物語を紡ぐ

冒頭で，文京区に住んでいたと書きました．後半の 7 年を過ごした茗荷谷付近に転居したとき，近くを散歩していて，「切支丹屋敷跡」という不思議な標識を見つけました．そして藤沢周平がそれに由来した小説を書いていると知り，さっそく読んでみました．その小説のなかに，次の一節を見つけ，私は雷に打たれたような感動を覚えました．

科学の捉え方

　私には、科学に対する考えが変わった瞬間、新しい側面からの見方で科学と改めての出会った経験が何度もある。
　初めての出会いは小学生か、その前だろうのことだった。21世紀こども百科という本がと出会い、私には科学というものの存在を初めて意識させられたのだ。最初の本だと思う。そこには身の回りの様々な現象の説明から宇宙についてまで、様々なことがそこに書かれ、た説明を夢中になって読んだ記憶がある。単純に知ることがただただ楽しかった。中高へ進学してからも同じだそれは変わらなかった。生物の図録に載っている、生命の巧妙なメカニズムの一つ一つに感動と興奮を覚えたものだ。肉眼では確認できない小さな世界を、様々な実験技術を駆使して読み解くことが人類の発展につながる。この事実そう考えることでは当時の私には、科学という学問が何か絶対的な存在であり、他の学問をに対して卓越した存在のように感じさせていた。
　科学の卓越性に憧れたる私は、大学でも科学を学んだ。しかしそこで私は、科学の違う別の顔側面と出会うことになったる。大学では、細胞生物学、神経科学など様々な授業を受けた。しかし学べば学ぶほど違和感を覚えるようになった。例えば特定の遺伝子の役割を調べるために、マウスでその遺伝子を欠損させる（働かないようにする）たマウスを用いて実験をする。たしかにその技術はの素晴しい。らしさも、実験から得た結果がで仮説を裏付け支持するて結論を導く方法こと も理解できた。しかし、結局今学んでいることは、"おそらく～だと結論付けられる"という可能性でしかないことをのではないかと感じずにはいられなかった。どんなに論理的で秩序立った結果論でも、それが真実理であるかどうかは別だ。人類を発展させてきた科学は、実はとても脆いもの土台の上に築かれているあるのではないか。科学に対して抱いていた絶対性や確実性という印象は勘違いであり、科学も多くの学問の中の一つにすぎないことに気付かされた瞬間だった。研究室に所属し、初めて自分の手で研究を進める立場になると、データの曖昧さを更に実感した。同じ実験でも何か一つのパラメータを変えればると、結果はが簡単に変わってついまうのるからだ。過去のから積み上げられてきた多くの知見も、ある側面から見れば正しいが、しかしある側面からみ見れば異なる結論を導き出すだろうに至るのではないのか。
　大学院に進学しった私は、再び科学の新たな科学の側面顔と出会合った。科学、それも特に生命科学のもつ曖昧性を利用できることや、曖昧性があるがゆえに想像できる楽しさを知ったからのだ。科学の研究は、必ずしも現象を丸ごと把握しているわけするのではなく、一部の要素を取り出して観察しているようなものだに等しい。すると、そこには私たちには見えていない世界があることになる。私はそれを、"世界を捉えるている世界"上での捉え方のゆらぎと呼びたい。が生まれる。厳密さに縛られないこの揺らぎは、時に現実の世界では実現されていないあり得ない新たな利用可能性を生む。これは世界を広げてくれる科学の武器ともいえるだ。だから科学には、例えば、ある機能を持つタンパク質が発見されたとしよう。そのタンパク質はれば、別の用途、本来の働きとは全く異なる状況で利用できる可能性を秘めているかもしれない。科学がそれを活用すればされ、たとえば病気の新たな治療法が開発できるかもしれない。を治せるような世界が広がっている。
　科学は絶対と信じていた頃から私はずいぶん遠くに来た。それも、科学との新たな出合を何度も経験できたおかげだろう。をどのように捉え、発展させていくか。それを形作るのは私たち次第なのだと思う。知れば知るほど、捉え直せば捉え直すほど、奥が深くてその都度、科学に対する私のわくわく度は深まってきた。する。次はどんな科学との出会いがあるのだろうと思うと、科学とともに生きることをやめられない。　①

〈添削コメント〉　①　もうちょっと自分の考えを整理したほうがいい。自分のワクワクを人に伝えるには、ある程度客観的にならないと。抽象的な表現が先行しすぎ。

図6.2　講座開始前の作品と添削指導の内容

Don't think, FEEL !?

研究は楽しいことばかりではない。~~私は~~もうずっと長い間、~~私は~~研究に対して憂鬱な気持ちを抱いていた。~~研究は楽しいことばかりではない~~、というよりも~~なにしろ~~、研究は1%の感動と好奇心、99%の~~憂鬱なこと~~楽しくはない事でできていると~~しか思えない~~のだ~~っている~~。この99%の部分は、研究に立ちはだかる「壁」のせいだろう。研究を進めれば進めるほど、~~そこら中に~~解決すべき課題が そこらじゅうに立ち現れる~~ある~~。仮に一つ~~の~~壁を乗り越えても、すぐにまた別の壁が現れる~~といったぐあいだ~~。壁が多いと流石に誰だって精神的なダメージを受けるでしょう？私を憂鬱にさせている理由も、去年の秋まではこの~~たくさんの~~壁の多さだと思っていた。

去年の秋、ある人の誘いで数年ぶりに科学館に行く機会があった。ちょうどノーベル物理学賞が報じられていたこともあり、ニュートリノの展示コーナーを覗いた。そこには、ニュートリノの説明や実験環境のレプリカなどが並んでいた。この分野に関してほとんど無知だった分、それらの展示はすぐさま私の興味を引いた。展示パネルだけでは足らず、科学館のお兄さんを捕まえて質問もした。私の頭の中は、ニュートリノという得体の知れないモノへの好奇心で満たされていた。と同時に、どこからともなく湧いてくるワクワク感に懐かしさを憶えていた。そしてなんと、ニュートリノと全く関係ない自分の研究に対する憂鬱さまでもがスッと軽くなった~~のだ~~ではないか。原因はすぐにわかった。それは、逆説的な話だが、この時感じたワクワク感の理由を決して論理的に説明できないことにあった。私は理由のない純粋な感情に、ある時からずっと、耳を傾けることをやめていたのだ！純粋なワクワク感の効果は本当にすごい。もうやめたいとすら思っていた研究に対して、やっぱりもう少し続けてみようという感情を抱か~~せた~~が湍いてきたのだから。 ①

研究の世界~~では~~、~~常に~~相手を納得させるための論理的説明を常に必要とする。研究の結果や価値だけでなく、研究の動機にも論理的な説明が求められる。大抵の場合、ただ面白いからという理由ではダメで、より社会的意義や歴史的意義を含めた説明を求められる。じつはこれが難しい。いつしか私は研究の面白さを論理的に説明することばかりに躍起になって~~いて~~、心の奥底で感じていたはずの純粋な気持ちをおざなりにしていた。しかし私にとってはこの説明不能な感情こそが、私にとって多くの「壁」を越え続ける~~て行く~~ための唯一の原動力だったのだ。 ②

~~一通り~~憂鬱に対する分析を一通り終えたところで、科学館は夢にあふれた所だ（苦笑）、と思った。意図~~せずして~~的だとは言わないが、研究の99%を占めるダークサイドの存在をほとんど感じさせる~~ことなく~~ず、1%のキラキラが並んでいる。でも、それが、いい。~~きっと~~おそらく、研究に限らずあらゆる場面で純粋な気持ちが効果を発揮する~~感情は効いてくる~~。論理的で~~は~~ない感情が、何かをする時の最強の原動力になるということを、科学館は私に気付かせてくれた。Don't think, FEEL ブルース・リーの~~あの~~映画の台詞を思い出す出来事だった。

〈添削コメント〉　① 「ずっと」がどこを修飾するのか。原文だと「傾ける」。
　　　　　　　　② この位置もまぎらわしい。

図6.3　講座終了時の作品と添削指導の内容

白石はその説明ではじめて，茫ばくとした天空に浮かぶ球体である地球というものを実感出来た気がしたのである．その地球は，いまも思い描けば青黒い宇宙のなかに日の光をうけて静かにうかんでいる．想像の中のその光景は，なぜか白石に思わず微笑したくなるような，たのしい気分をはこんで来るのだが，それが理というものが持つのしさだということを，白石は理解していた．

藤沢周平『市塵』より

　話は江戸時代にさかのぼります．第六代将軍徳川家宣の補佐役だった儒学者新井白石は，布教目的で1708年に屋久島に無断上陸して捕縛され，江戸に移送されたイタリア人宣教師シドッチと，小石川の切支丹屋敷で対面しました．公式には尋問ですが，白石はシドッチの西洋科学に関する知識の片鱗に触れます．それが上記の藤沢周平の小説の一節なのです．自然の理(ことわり)すなわち科学に触れたことで，白石は知の歓びに心震わせたのです．サイエンスコミュニケーションの目的を凝縮させた珠玉の一節です．

　件の切支丹屋敷は，そもそも1643年に九州に上陸したイタリア人宣教師ジュゼッペ・キアラほか一行10人を収容した屋敷です．キアラは，遠藤周作の小説『沈黙』の主人公ロドリゴのモデルとされる宣教師です．そういえば，遠藤周作の原作を映画化したアメリカ映画「沈黙―サイレンス―」も話題になりました．

　そんな折，その旧跡「切支丹屋敷跡」で，マンション建設にともなう発掘調査が行われ，2014年7月に三つの墓と人骨が出土しました．その人骨は国立博物館人類研究部の篠田謙一博士が鑑定を行い，イタリア人男性と日本人の男女の骨であると判定しました．残されていた骨とDNAを分析したのです．そして歴史的な記録との照合により，その人骨は切支丹屋敷に収容された最後の宣教師シドッチと，その世話をしていた夫婦だろうとの推定がなされました．

　シドッチの取り調べを終えた白石は，寛大な処分を具申し，シドッチから得たヨーロッパの諸事情をのちに『西洋紀聞』にまとめました．そのかいもあって，シドッチは囚人としてではなく，幽閉扱いとなり，長助とはるという老夫婦がその世話にあたることになりました．しかしシドッチは，長助夫婦に洗礼を施したとされ，地下牢に移されて10カ月後に46歳で獄死したとされています．

シドッチとおぼしき遺骸は，体を伸ばして棺に収められた状態で土葬されていました．そして男女の日本人の遺骸は，シドッチの墓をはさむ形で，遺体は体を曲げた状態で埋葬されていました．当時の江戸の役人は，シドッチをキリスト教式に葬ると同時に，おそらく相前後して亡くなった老夫婦をその隣りに日本式に埋葬したのでしょうか．いろいろな想像が膨らみます．無機的で，よくわからないからどうでもいいやと思われがちな科学が，歴史のロマン，文化の違いを超えた魂の交流を蘇らせてくれたのです．

　さああなたも，自らの言葉で科学を語ることで，新たな地平をひらいてください．
(渡辺政隆)

○ 引用文献 ○

6.1
1) https://www.jsps.go.jp/j-grantsinaid/34_new_scientific/
2) 石田章洋，『企画は，ひと言。』，日本能率協会マネジメントセンター(2014)．
3) 黒木登志夫，『知的文章とプレゼンテーション——日本語の場合，英語の場合』，中公新書（2011）．
4) C. Rathachai, H. Takeda, T. Hosoya, "Link prediction in linked data of interspecies interactions using hybrid recommendation approach." *Semantic Technology, Lecture Notes in Computer Science*, **8943**, 113-128(2015)．
5) 松岡正剛，『知の編集術——発想・思考を生み出す技法』，講談社現代新書(2000)．

6.3
6) 渡辺政隆，今井寛，"科学技術コミュニケーション拡大への取り組みについて"，DISCUSSION PAPER No.39，科学技術政策研究所(2005)．
7) D. Blum, M. Knudson, R.M. Henig, eds., "A Field Guide for Science Writers: The Official Guide of the National Association of Science Writers", Oxford University Press(2005)；渡辺政隆 監訳，『サイエンスライティング——科学を伝える技術』，地人書館(2013)．
8) 渡辺政隆，『一粒の柿の種』，3章「科学者の起源」，岩波書店(2008)．
9) 斎藤美奈子，『文章読本さん江』，筑摩書房(2002)．

第 7 章　科学と社会を「つなぐ」

　この章では,「深める」「伝える」「つなぐ」「活かす」という四つの要素の三つ目,「つなぐ」がテーマです. 科学と社会を「つなぐ」ためには, 活動の場作りがとても重要です. 本章ではその例として, 6.1 節で「つなぐ」イベントをつくる企画運営の方法と, 6.2 節で活動を活発に行うための場作りを促進する「ファシリテーション」の手法について, そして 6.3 節では, 個人や団体ではじめたサイエンスコミュニケーションをどのように継続することで「つながり」続けることができるのかについて紹介します.

7.1　企画・運営する： 外部資金導入スキルとマネジメント

7.1.1　はじめに

　サイエンスコミュニケーションを実施するとき, 問題となるのはその運用方法です. サイエンスコミュニケーションは非常に幅広い活動であるために, 実施の運用方法も多様となります. たとえば, 科学系博物館におけるサイエンスコミュニケーション活動（SC 活動）のテーマは基本的に博物館資料に関係したものに限られたものとなりますが, 各自が所属する機関から離れて活動する場合は, 広く社会そのものから生ずるテーマを取り扱うこととなり, 成果も教育的なものより一般性のある課題解決が求められます.

　ここでは, 自分の趣味・嗜好や専門領域とは別に, 第三者から求められたテーマを設定する公益財団などが行う「公募事業」や科学研究費補助金（科研費）などに応募して, 資金を獲得して実施する「外部資金活用型サイエンスコミュニケーション活動」の企画運営（マネジメント）について説明します.

　サイエンスコミュニケーションとは,「科学というものの文化や知識が, よ

り大きいコミュニティの文化のなかに吸収されていく過程」[1] と定義されています．各人は幼児の頃に絵本などで「科学」と出会い，学校教育のなかでそれを深め，職業選択のさいに改めて選択（または非選択）し，社会のなかで多かれ少なかれ科学と関わります．誰もがその生育の過程で科学にめぐり会い，その特質を認識し，そのあとに職業選択との観点から「科学との関係性」を保つこととなります．成人した社会人としては，生活のなかや職業として科学との相互作用を経験することになります．

そのようなプロセスをサイエンスコミュニケーションの一つの形と理解するならば，初期の「科学との出会い」から「文化として科学を楽しむ」本質的領域を「個人的動機から生ずる SC 活動」，専門として科学を選び，職業的専門家として関わる領域を「学術分野のなかで生ずる SC 活動」，さらにそれらを含みながらも地域や社会の課題まで関わる領域を「社会のなかで機能する SC 活動」と分類することができます[2]．

すべての科学的活動は，「社会におけるサイエンスコミュニケーション」であるといえますが，「個人文脈からみる SC 活動＝本質的価値」，「学問体系文脈からみる SC 活動＝学術的価値」，「経済・社会的機能をもつ SC 活動＝社会的価値」というように，SC 活動では「活動領域」と「達成目的」を特徴づけて設定することが伝統的に行われています．

7.1.2　助成事業に申請する企画書を書く前に

本項で取り上げるのは，公益財団などの科学助成金，民間企業への資金協力や科研費などの申請です[*1]．申請書の様式に従ってこれらの企画書を作成しますが，採択にあたっては活動の理念についてばかりではなく，運営計画や資金の執行方法までが審査されるので，詳細な計画を考えることが必要です．ここでは，申請書の作成に必要な企画書や運営手法の考え方，すなわちプロジェクトのマネジメント力を上げる方法を紹介します[3]．

外部資金導入は俯瞰する視点が必要

外部資金は経営資源（resources）の一つで，科学的活動とくにサイエンス

[*1]　公益財団法人助成財団センターのウェブサイト（http://www.jfc.or.jp）より，助成を行っている機関の一覧がわかる．

コミュニケーション活動を積極的に展開していくためには，資金は運営の大切な資源として欠かすことのできないものです．また，外部の経営資源としてはほかに「外部の教育資源」があり，地域の「人」「自然」「近代化遺産，庭園や公園などの人工物」「博物館，大学等の教育機関」などがあります．これらの外部の経営資源は一見すると連携や活用の方法が別々という印象がありますが，共通の考え方や連携方策で企画し，協働することが両者のメリットになります．

　外部資金を導入するのは予算の獲得が第一義的な目的ですが，そのプロセスを通じて社会の動向や自分たちの活動を俯瞰する視点を確立するのも重要な目的の一つです．申請の審査にパスするためには自分たちの企画と資金提供者のねらいを融合させることが必要で，そのためには事前に事業により期待される成果を客観的に評価することも必要になります．つまり，自分たちの企画提案の事業の結果が資金提供者のねらいに合致すると，客観的に示すことが求められます．これは，より幅広い視点から目的（ミッション）を考えることにつながります．

　また，これらの作業を通じて次の事業企画に活かすプロセスを習得できるようになります．つまり，外部資金導入スキルを向上させることによって，事業の計画から評価までのサイクルを体得することが可能となるのです．このような計画から実施・評価を行っていくサイクルを経営学の分野ではマネジメント・サイクルといいます．事業を顧客に提供し，顧客のフィードバックを得て次の事業計画に反映させる一連のプロセスのことをいいます．PDCAサイクル（図7.1）は典型的なマネジメント・サイクルの一つで，計画（plan），実行（do），評価（check），改善（act）のプロセスを順に実施し，最後の改善を次の計画に結びつけ，事業の質の維持・向上や継続的な業務改善などを推進する手法です．

社会のなかでの位置づけを明確にする

　企画書を書くにあたっては，社会のなかでの事業の意義，位置づけをはっきりさせておく必要があります．そうしなければ，プロジェクトの内外からの要望やトラブルなどの影響によって，当初の目的が大きくそれてしまう恐れがあります．

　科学教育が21世紀の今日においてもますます重要になっていますが，理科をはじめとする理数科の学力低下は文部科学省も憂慮しているところです．加

7.1 企画・運営する：外部資金導入スキルとマネジメント　**129**

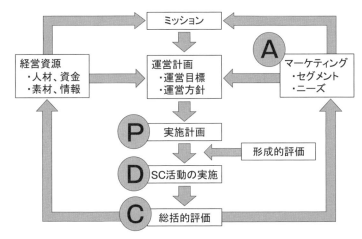

図 7.1　サイエンスコミュニケーション活動の全段階（PDCA サイクルの例）

えて，子どもたちには理科の知識が生活上必要である，という意識が低下しています．さらに，理科系の職業に就きたいという希望も低下してきています．社会的な問題なのか，教師の質が落ちているのかははっきりしません．OECD（経済協力開発機構）による生徒の学習到達度調査（PISA 2015）[*2]でも，数学・理科分野での記述の不得意な日本人の特質が表れています．

　東アジア全体で科学嫌いが顕著な問題といわれています．日本でもそうだったように韓国や中国でも，科学技術のおかげで経済的に成功を収めてしまったあとは，科学嫌いがはじまっています．この原因は，東アジア特有の教授法（教え込み）が原因だという方もいますし，政治風土のせいだという方もいます．科学離れは欧米でも起こっている現象で，「理工系に行くのはエリート」といわれていますから，数学・理科は学習に困難がつきまとうものなのでしょう．科学の成績がよいフィンランドでは，教える側と教わる側がじっくりと対面して学習する協働学習形態がよいとされています．科学が産業として成熟してしまえば，体系的学習（知識習得型学習）よりも発展的学習のほうが必要とされ

[*2] 同報告書で科学リテラシーの問題の正答率は全体では 2 位と高順位ですが，出題形式別の日本の平均正答率は，「選択肢」については 67%，「複合的選択肢」については 59%，「求答」については 63%，「論述」については 49% となっています．

てくる，といわれています．

　このような考え方は，日本の「総合的な学習の時間」の導入につながったのですが，あまり広く理解されないまま導入・実施されて，現在では問題であるとされ縮小される傾向にあります．

　サイエンスコミュニケーションに関する外部資金を導入するにあたっては，このような現代の日本の科学教育の状況を理解したうえで，テーマ設定と運営の方針（コミュニケーションポリシー）などを策定することが必要です．

今日的テーマの設定を

　今日の先端機器は高度な技術で製作され，そのすべてを実体験し，原理を理解することは学習時間のうえでも困難です．センサーやコンピューターを利用した「的確な測定」と「迅速な計算処理」から生まれる十分な時間を，検討と協議などの「学習者の協働活動」に振り分ける授業がデザインされるべき時期にきています．

　一方，実際の現場はどうでしょうか．イギリス人教師を都内の私立中高一貫校の理科室に案内したとき，「技術の進んでいる日本で，こんな古い実験装置しかないのですか」といわれたことがあります．もっと積極的に最新のIT機器や実験装置などを活用した，科学的活動をデザインするべき時代なのです．

　また，理系の専門分野に縛られないキャリアパスも広がって，工学部出身で金融やコンサルタント業，知的財産管理等の非製造業分野へ就職する学生も増えています．教育関係者は，「理系だからメーカーに勤めればよい，研究者がベスト」という進路指導だけではなく，今日の産業界や社会構造の変化を踏まえたキャリアデザインを行うべきでしょう．

　以上のような，時代の変化を捉えたテーマ設定が，科学活動助成事業には求められます．最近では学会でも活動テーマは外部からもってくるようになっているように，自身の属する機関の事業テーマも「外部」に開かれている必要があります．そのことを実際に行うのが，「外部資金の導入」（＝外部の教育資源の活用）ということになります．

　一方，外部テーマを導入するためには，顧客のニーズを把握するなどのマーケティングが欠かせませんが，「ミッションや目的の見直し(act)」は外部のマーケティングのみならず内部の経営資源に対する考慮・配慮も欠かせませんので十分注意したいところです．一日は24時間しかないのですから．

7.1.3　サイエンスコミュニュケーション活動の計画（企画書を作る）

　それでは，企画書を書いてみましょう．ここでは，企画書を作成するにあたり，四つの大きなポイントを解説します．この四つは，（1）運営計画（運営目標と方針），（2）実施計画，（3）実施と運営，（4）評価です．一つずつ確認をしていきましょう．

運営計画（運営目標と運営方針）

　非営利組織の運営の目標は，主として顧客満足（CS：カスタマーサティスファクション）に対する到達目標であり[4)]，「誰に」「何を」に相当すると考えてよいでしょう．これは，できるだけ具体的でわかりやすいものがよく，評価可能な表現をとるべきです．トランジスターの発明者であるショックレーをその研究に口説いたマービン・ケリーの「この国（アメリカ）のどこにいても，まるで二人が向かい合っているかのように明瞭にコミュニケーションできるようにしたい」という有名な言葉は，「遠く隔たった二人に人間的な会話を実現する」という夢と「低雑音通信」という技術のレベルを明示した到達目標のよい例となっています．

　運営方針は，想定する科学的活動のもつさまざまな機能や活動のなかから重点的に実施するものや特徴をもたせたい事業展開の手法をとくに示したものです．したがって，運営方針の表現内容は，基本的に変わらないものと，ある期間で変わるものとで構成し，時代や社会の流れを的確に反映させることが望まれています．外的な条件分析と実施主体の条件分析が必要とされているのです．

実施計画

　企画書に記載する実施計画とは，実施主体の事業構造と各事業のねらいや方法を明記したもので，担当部署や連携先もあわせて記し，事業の推進体制とスケジュールを示すことが要件となります．各事業を実施するさいに作成する事業実施案や運営マニュアルとはレベルの異なるものです．実施主体の活動全体を構造化したうえで，事業の構成とねらい，事業推進組織と事業区分および予算執行計画などで構成します．

　こうした内容を記した事業実施計画書は，科学的活動の全体計画を示し，どのような時期にどのような分担で実施するかが，スタッフに了解されるための指示書の役割をもっています．

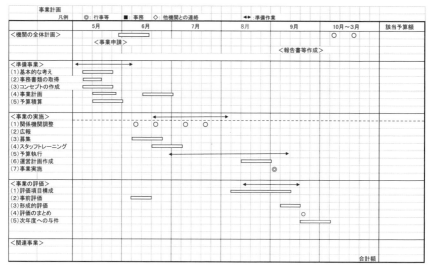

図7.2 バー・チャートの例

(i) 準備と調整 計画を実施するにあたり，事業の目標と「人・モノ・カネ・情報」などの利用可能な資源を考慮し，準備を進めながら計画を行います．作業項目とそれに要する時間，手順の分析が必要となり，事業の構造を分析するのに役立ちます．予算や日時に厳しい管理が必要な場合は，さらにPERT法（後述）などの計画法を用います．あらかじめ調整を要する事項を以下に示します．

① 準備期間，② 予算，③ 募集対象，④ 準備人員と運営要員，⑤ 安全対策・災害時の体制（保険等を含む），⑥ 実施方針等の共有，⑦ 広報計画と評価法の検討，⑧ 成果の総括的評価と情報公開，⑨ 参加者との交流方法（参加者と同じ目線で考える）．

(ii) 準備・実施計画 事業を実施するさいには，日程管理，品質管理，人事管理，コスト管理とさまざまな側面をコントロールする必要があります．工程管理としては，ヘンリー・L・ガントが考案したガント・チャートが有効です．一つの事業を構成する作業をあげておき，それぞれが何％の進捗率をもっているかを横向きの棒グラフで示すものです．

しかしこれでは，いつどの作業を行うかが不明なので，時間的な順序がわかるバー・チャートが考案され，今でも広く使用されています（図7.2）．

しかしバー・チャートは，よく見るとそれぞれの仕事の手順や関係性を知る

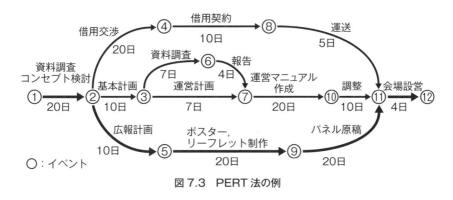

図 7.3　PERT 法の例

ことができません．A という作業のあとに B が行えるのか，A が終わらなくても B の作業に入れるのかなどが不明です．そのような点を改善したものが PERT（パート：program evaluation and review technique）法です（図 7.3）．アメリカの大規模な宇宙開発（アポロ計画など）を進めるために考案されました．

　PERT 法は計画をイベントとアクティビティで構成し，それぞれの作業の関係性を示すことによって計画の全体像を示すとともに，時間や人員配置やコストまでを表現できるようにしたものです．図の丸印の数字は事象の順序であり，作業の区切りです．たとえば，上司に対する説明や会議，情報公開の行事などです．また，アクティビティにはその内容と必要な日数を示します．そのことによって，いつまでに終わっていなければならないか，残された日数がどのくらいあるかなどの情報を得ることができます．また，日数のかわりにコストや人工数（にんく）を示すことも可能で，コストの低減や人員配置の変更のさいのデータとして使用することができます．このように作業構造に基づく計画法である PERT 法は，さまざまな利点をもちます．一週間単位や数カ月および数年単位の計画のネットワーク構造を可視化できるため，事業の構造と推進体制を併せて検討するさいに有効です．

　最近では，さまざまな事業の構造分析やスケジュール管理のできるソフトウェアも販売されており，これらを活用するのもよいでしょう．

予算とその執行

　予算とはあらかじめ収入と支出を見通した計画のことで，国や地方公共団体が用いる財務規則や各企業等に定められた規則に基づいて作成されます．使い

道やその根拠となる法令によって，細かく使い方が決まるものなので，確実に知っておくことが有益です．

外部資金の執行には，事業終了後に「会計報告」を行うことが条件となっているのが通常で，金額の小さな切手一枚の購入などについても細かな見通しをもった執行計画が必要です．

企画段階での「実施・運営」計画

イベントなどの運営はあらかじめ作成した「運営マニュアル」に従って実施するものですが，申請事務の段階でも運営の概要が必要になります．とくに，全体の高度なサービスとスタッフのオープンな運営態度の維持に努めるなどの具体的な運営方針がとくに重要なものとなります．

また，会場の警備やスタッフの連絡調整体制，運営本部と責任者の確定，終了宣言の手順の明確化などの「細かな手順書」にも注意して運営計画を作成することが求められます．サービスの方針がどれだけ具現化されているかが試されます．

申請が承認され実際に実施する場合は，さらなる詳細な運営マニュアルなどの作成が必要となります．

7.1.4 企画段階での「評価」計画

サイエンスコミュニケーション活動に関する評価は，企画段階で行われる「事前評価」(front-end evaluation)，事業の実施直前段階や演出方法を作成中に行われる「形成的評価」(formative evaluation)，事業を実施したあとで行う「総括的評価」(summative evaluation) の3種類があります[5]．

さらに，当該事業だけでの評価にとどまらず，自分の所属機関や資金提供者のミッションやサイエンスコミュニケーション全体と「参加者の満足度」の関係で評価することも必要です．なぜなら，利用者や参加者は当該事業だけに興味があって参加しているのではなく，所属するコミュニティでの活動や当日の会場の案内やレストラン，ショップ，接客態度などの全体の利用のなかで，当該事業を楽しもうとしているからです．このような参加者＝顧客の満足度(CS)を最大の関心事とした観点がSC活動におけるマーケティングには必要とされます．しかし，非営利の公共的事業であるSC活動には，利用者の一方的な要望（需要）だけではなく文化の創造や学習における自己実現などに貢献すること

も求められます．このような，事業の実施者と受け手の双方に対する満足度が測定されなければなりません．

そのために企画から実施までに必要なものが，企画者の意図であり，その対象者は誰であったかです．この最大の課題である対象者を確定することを，「マーケティング」では，同じ成果や効果が導き出され，マーケット分析の再現性が認められる均質な層（すなわちセグメント）を発見することを指します．このセグメントを，当該事業の「対象者」として明示します．

さて，もっとも重要な事業の対象者を決定し事業を実施したのち最終段階で行われる総括的評価の具体的手法について紹介します．これは，サイエンスコミュニケーション活動の企画とその運営の改善のために行われるものです．

評価項目

SC 活動の形態や方法によって大きく内容が異なりますので，ここではワークショップやサイエンスカフェなどのイベントを想定した評価項目の例を以下に示します．

（i）当該活動の事業構成等の全般的なことについて 安全性，情報の正確さや精密さ，情報の公開性と中立性，健康に配慮していること，独創性があり新しいこと，実用的であり便利であること，快適な生活空間であること，最新の学術成果や教育方法や情報を提供していること，公共性をもつことなど．

（ii）参加者の目的や成果の達成に関すること 参加者数，参加回数（継続参加），実施時間，参加態度などの観察記録，その後の活動調査．

（iii）事後評価と外部の調査 アンケートなどによる効果測定，新聞などのマスコミの評価，学会などの評価，科学教育からの評価，参加者のキャリア形成の視点からの評価．

評価の一般的方法

サイエンスフェスティバルなどの行事の場合は，個々のイベントの評価ではなく，実施機関の行事や事業に関する一般調査の一項目として行われますが，事業評価は単独に行わなければさしたる成果はあげることができません．

（i）観察法 業務日誌などのように運営の概要を客観データとして記録する事実記録法，評価したい項目・観点の目録をあらかじめ作っておき該当する事象の発生頻度を知る事象目録法，あらかじめその観点と評価段階を作成しておき当該の事象がその評定段階のどの点に位置するかを測ろうとする評定尺度

法などがあります．これらの手法を用いることによって，ワークショップの人気度や滞留時間，魅力度などの傾向を知ることができます．ただし，ワークショップのねらいがどれだけ達成されたかという評価には，学校教育のなかで行われる達成度を数値化する評価法（いわゆるテスト）とは違った手法を用いることが必要です．

（ⅱ）面接調査法　ほかの調査法と併用することによって，調査対象者の生きた実感を得ることができます．実施にあたっては，相手が自由に話してくれる雰囲気を作り，批判的な態度，説教的な口調，批判めいた言動は避け，記録をとるのを嫌がる場合は，本人の前では記録をとらないような配慮が必要です．

またときとして，クラブなどの固定メンバーに対して，一定期間定期的に繰り返し調査を行い，時系列的な変化や傾向を捉え，調査対象者の考え方や行動が時間の経過でどのように変化していくのかを調べる方法もあります．面接回数を重ねることによってワークショップなどに対する考えの変化などの調査に有効です．

（ⅲ）質問紙法（アンケート法）　調査の目的，内容を明確にし，調査の趣旨を質問用紙のはじめにわかりやすい文章で説明します．質問の内容は，簡単で，具体的，客観的であるよう心がけましょう．回答者が興味をもち，誰でも答えられるように，大まかな内容から細かな内容についての質問項目とします．言葉や文章は，いろいろな意味にとれる表現や否定的な言い回しは避け，回答者にふさわしい言葉を使用します．

処理法や回答者の便宜のため，チェックや数字による回答も必要です．できるだけ，定量的な処理ができるようにします．

このように，サイエンスコミュニケーション活動の計画とその成果のあいだの因果関係をさまざまな調査や評価によって知ることは，その運営方法を改善するうえでもっとも基本的で大切なことであり，積極的な取り組みが望まれているところです．

また，事後評価として紹介した「学会での評価」，「マスメディア」などでの評価は，比較的時間のかかることであるので，意識して情報提供することが重要です．

7.1.5　申請書の提出

　企画書が完成したら，いよいよ申請書の提出になりますが，最後に募集要項の要求に合致しているかを再度確認します．この種の申請とその審査でよくみられることは，「外形審査」での失格です．たとえば，予算オーバーや実施期間の間違い，申請資格の誤解，申請書類に掲載すべき項目の欠如や間違いなどのため，受付事務ではねられてしまう事例です．

　そのようなことにならないためには，募集要項の各項目の一つひとつに「自分の提案項目」を対応させるなどの，チェック方法を習得することも必要で重要です．声を出して読みあわせることや，直接事業に関係のない家族や友人に説明してみることも有効です．

　最後に，こうした新しい事業申請の採択は，競争相手の多寡や審査員の考え方などに左右される場合もあります．幸運にも採択された場合でも，不採用になった場合でももう一度客観的に自分たちの提案を評価することも大切なことです．

（高安礼士）

7.2　議論をうながす

7.2.1　参加型の場を作る

　参加者が主体的に，そのテーマを自分のこととして話しあったら，楽しく創造的な場になることでしょう．この節では参加型の場「ワークショップ」とその場をまわす技法「ファシリテーション」についてお伝えします．

　ワークショップ（workshop）とは「共同作業場」という英単語で，さまざまな技能・技術をもった人がチカラをあわせて一つのものを作り出す場を意味します．ここでは，参加型の学びや創造の場として捉えます．ファシリテーションとは，そんな場を作り，まわす技法です．もともとはファシリテート（facilitate）という動詞で，「容易にする」「やりやすくする」という意味で，「○○することを容易にする」というように対象物に作用する他動詞です．ファシリ

テーションは参加者が話したり考えたり学んだりするのを容易にする仕方，ファシリテータとはそれを容易にする人，ということとして本稿を進めます．「場をまわす」とは，進行させるだけではなく，そこにいる参加者がもつさまざまな考えや意見，思いや気持ちなどを引き出し，そこで起こっていることを深め，動かしていく，とイメージしてみてください．たとえるなら「ファシリテータとは『助産師』のような人」と説明することもあります．産み出すのはお母さん，産まれるのはお母さんの子どもであって助産師のものとはなりませんが，お母さんのそばで適切な声をかけ一緒にいることで，お母さんが安心して安全に産み出すのをうながす役割，それはファシリテータに通じるものです．

7.2.2 ワークショップの必須要素と効果

　ワークショップには，「参加」「体験」「相互作用」の三つの要素が必要です．ワークショップは「参加型」「体験型」といわれることもありこの二つはイメージしやすいですが，「相互作用」のない場はワークショップとしてはもったいないものです．

参 加 とは
　参加とは「行動をともにすること」です．同じテーマについて考えたり，一緒に話をしたり，同じ話を聞いたりする，その場を共有し一緒に何かをすることが参加するということです．

体 験 とは
　身をもって経験すること，が体験です．見聞きするだけではない，触ったり味わったり感じたり嗅いだりすることで，五感を使った経験をすることです．

相互作用とは
　互いに働きかけ影響を及ぼすことが相互作用です．同じ体験を共有する参加者が互いに関わりあって変化を起こすこと，新たな気づきや学びを得て何かを生み出すことです．相互作用のある場では一人ひとりの参加者が唯一無二の存在であり，その出会いが必然となります．そうなると参加者自身は「参加してよかった」と感じることができるようになります．

　「参加」「体験」「相互作用」の三つの要素が揃った場の最大の効果は，参加者一人ひとりがそのテーマの当事者意識をもつことです．日々の生活のなかでは触れる機会の少ない科学技術や自然の法則などを知識として知るだけにとど

まらず，それらと自分とのつながりを意識して考えることができれば，生活の
なかで使える知恵となります．新しく知る知識はパズルのピースのようなもの
で，ばらばらと頭に入っているだけでは使えません．自分自身のこれまでの経
験や知識とつながり，パズルのなかにカチッと組み込まれることで初めて使え
る知恵となります．自ら考え話し聞くワークショップは，ピースをはめ込むに
はもってこいの場です．ワークショップでの経験を，その後のそれぞれの日常
で使える知恵としてもって帰ることができるよう，心を配りたいものです．

7.2.3 すぐに使えるファシリテーションの技法

では，そのようなワークショップを作りまわしていくファシリテーションに
はどのような手法があるのでしょうか．簡単にできて効果がすぐわかる方法を
紹介します．

空間デザイン

講座やワークショップをやる場所はどんなところをイメージするでしょう
か．前方に黒板があって机と椅子が前を向いて並んでいる部屋，机がロの字の
形に並んでいて椅子が内側を向いてぐるっと取り囲んでいる部屋，会議室や研
修室などだと基本形はこのような形が多いでしょう．でも，部屋の最初の配置
がこれからやりたいことに最適な形とは限りません．椅子や机は自由に並べ替
えてよいのです．やりたいことにあわせて最適な空間を作っていく，それが空
間デザインです．

（ⅰ）机と椅子を使う形

1）スクール型（図 7.4(a)）：教室のように前方の黒板などがあるほうを向い
て机と椅子が並んでいる形．机は二人掛け三人掛けの長机のときもあります．
学校で慣れ親しんでいる形なので，参加者は安心して初めての場でも座りやす
く感じます．三人掛けの長机だと真ん中の席には荷物がおかれ空いてしまうこ
とがよくあります．前に立って話をするときには視線を集めやすく，板書や投
影なども見やすくなります．参加者それぞれ対先生，という関係になりがちで，
参加者は何かを教えてもらうという受け身の気分になりやすく，参加者相互の
関係性は生まれにくい形です．

2）ロの字型（図 7.4(b)）：会議室などによくある形です．黒板やホワイトボー
ドなどに近い辺が上座に見えがちで，そこに座った人は議長や進行係のように

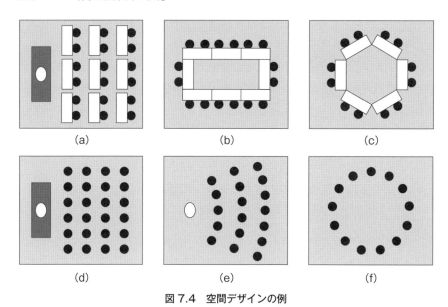

図 7.4 空間デザインの例
(a) スクール型,(b) ロの字型,(c) 多角形型,(d) シアター型,(e) 扇型,(f) サークル型.

感じられます.自分の正面にいる人はよく見えますが対峙しているように感じがちで,同じ辺にいる人はなかまのようでもありますが表情などは見えづらくなります.中央が空いていることも多く,全体としての一体感が感じにくい形です.

3) 多角形型(図 7.4(c)):ロの字型を少し動かして,六角形や八角形を作ると雰囲気がぐっと変わります.上座下座の雰囲気が消え,全体としての一体感を感じやすくなります.しかし,中央がぽっかり空くことは変わらないので,全体として話をすると正面は遠い感じがします.

4) アイランド型:ワークショップというと少人数で机を囲むこの形をイメージする人も多いでしょう.グループで作業をするにはいい形です.同じ机を囲むメンバーはチームとして一緒に何かする雰囲気となりますが,別の島には注意が行きにくくなります.これを,島の向きを斜めにして,正面の中心から放射状に島の中心線が来るように並べると,ほかの島も視野に入り全体で一緒に作業をしている雰囲気になります.

机がある配置は,初めての場所や知らない人ばかりの集まりでも座りやすい

といえます．机があると資料をおいたりメモを取ったりするのには便利ですが，各自がバラバラに資料を見たり書いたりすることができ，そのとき話していることに注力しなくなりがちです．何をしたいのか，参加者にどうなってほしいのかをじっくり考えて，机のない場を作っていくことも視野に入れましょう．

(ⅱ) **椅子だけを並べる形**　机のない椅子だけの席の場合は，メモを書いたり手荷物や飲物などのおき場に困ることもあるかもしれません．メモをとる必要があるならクリップボードを用意したり，荷物のおき場を用意するなど，参加者が困らないよう配慮しながら，椅子だけの場のメリットも享受しましょう．

1) **シアター型**（図 7.4(d)）：椅子をまっすぐ前方向きに並べる，スクール型の机がないような形です．前方と各自の一対一になりがちで，隣に座るほかの参加者は見えにくい形です．机がないぶん，前に立つ人には視線がダイレクトに集中するように感じられます．

2) **扇型**（図 7.4(e)）：シアター型の両翼を少し前方に曲げて曲線型にした形です．ほかの参加者が視界に入ってくるので，参加者相互が存在を感じ，一体感が出やすくなります．

3) **サークル型**（図 7.4(f)）：椅子だけを丸く並べた形です．終わりも始まりもなく，立場の上下などを感じにくくなります．一方で自分の全身がほかの参加者全員から見えるので，初対面では座りづらい形でもあります．サークルを作るときはできるだけきれいな円になるようにすると，距離感が均一になり全員がフラットに存在する感じになります．はじめにきれいな円を作っても座るときに椅子を引きがちなので，全員が座ったらきれいな円になるよう一声掛けて直してもらうとよいでしょう．

　一つの空間デザインのなかでも，座る場所によって感じ方が変わります．実際に机と椅子を並べ，いろいろなところに座ったり前に立ったりするとその特徴がわかりやすいので，一度やってみることをおすすめします．一つのワークショップのなかでも，やることにあわせて空間デザインを何度か変えることもよいでしょう．空間デザインを変えると参加者の気分も変わります．参加者自身が動いて椅子や机を並べ替えると，その場へ積極的に関わっている気分も高まり一石二鳥です．

　人数と比べて広い場所が使えるのなら，半分はスクール型で半分はサークル型にするなど，参加者が二つの空間を行ったり来たりするのも楽しいものです．

グループでの話し合いは窓に模造紙を貼ってそちらを向いて聞くとか，その時々で前方を変えていくと同じ部屋の中でも見える景色が変わり，飽きずに参加できます．

　机がある場合も椅子だけの場合も，席数は参加人数にピッタリあわせておくのが理想です．席に余裕があれば前方が空いてしまうのはあたり前です．

　机や椅子がない，壁もない空間，たとえば展示室内や屋外などであっても空間デザインは考えられます．壁がなかったらパネルやスケッチブックを使えば掲示のようなことはできるし，参加者に順番にフリップを持ってもらうと皆が役割を担うのでよいと思います．どのように集まるか，並ぶかでも違う空間ができるし，どちらを向くのかで見える風景も違います．〇〇がないからできない，ではなく，何があればそれができるのかじっくり考え，どのような空間にするのか楽しく工夫をしてみましょう．

グループサイズ

　話をしたり作業をしたりする人数がグループサイズです．つねにその参加者全員で話したり考えたりしなければならないわけではありません．大人数の前だと話しにくい人は多いですが，少人数だとぐっと話しやすくなります．また，たとえば二人で10分間の場合は5分話して5分聞くことができますが，20人で10分間だったら，自分が話す時間は30秒で9分30秒は聞いている時間になります．使える時間とテーマにより，グループサイズを考えましょう．

（ⅰ）一人で考える　最小のグループサイズは実は一人です．何か意見を聞きたい場面でも，参加者がすぐに手をあげて全体に発言しにくいときはよくあることです．そんなときには，一人で考える時間を1～2分とるだけで，気分が落ち着き考えを整理できます．「何か意見はありませんか？」と問いかけたあと気まずい沈黙となる前に，「一人で2分間考えてみてください」と明示して皆が安心して考えられる時間をとりましょう．このときに「メモを取ったりしてもよいですよ」と添えると，一人で思いついたことをそのあとの発言につなげやすくなります．

（ⅱ）二人組で話す　自分の考えがハッキリしてきたところで，二人組で考えを紹介しあいましょう．著者の経験上，二人組の時間をずっと黙り通した参加者はこれまで一人もいません．必ず二人で話し二人で聞きあう時間になっています．全員が話すことで盛り上がって楽しい雰囲気となり，考えも深まる時

間となること請けあいです．

　二人組を作るときには，あまり考えすぎず隣の人となどパッと決めてしまって大丈夫です．初めて会う人どうしでも「ではペアになった人と顔を見あわせて名前を言ってご挨拶してくださいね」と言うと笑顔を交わしてくれます．このときに「名前を言って」と添えましょう．最初の一言を「○○です，よろしくお願いします」と定型化すると口を開きやすく，名前を聞くと相手を一個人としてきちんと認識するのでそのあとも話が弾みます．

（iii）人数を増やす　　やりたいことにあわせて人数を変えていきます．二人で話して考えも深まり，口もなめらかになっているはずです．人数が多くなると発言しづらい人は多いものですが，「今二人で話したことをみなさんに紹介してください」と声をかけると，それは「私個人の意見」ではなく「私たちで話したこと」になるので，ぐっと抵抗は減るはずです．

　グループで何かするときには，6人くらいだと全員が主体的に関わってバラエティのあるなかで新しいものが生まれやすいものです．全体の人数にもよりますが，一グループ5〜7人に分けられるよう心がけましょう．4人組はペア二組でできて作りやすいですが，二人ずつの会話に分かれてしまうこともあるし，8人以上だと熱心な数人でドンドン話が進んでしまって，黙っている人がいても目立たず取り残されてしまうことがあります．

　グループサイズを変えると場の雰囲気がガラッと変わります．ちょっと停滞したり脱線して盛り上がりすぎたと感じたら，グループサイズを変えてみてください．

7.2.4　もっと話しあいを深めるファシリテーションの技法
問いを順番に用意する

　いきなりストレートに本題を問うてもなかなかよいアイディアや活発な意見が出ないことはよくあります．頭の準備ができていないところでいきなり難しいことを考えても，出てくる答えは正論であっても実行しにくかったり，一つ正解みたいな意見が出るとそれ以上広がりにくくなったりしてしまいます．本当に考えてほしいことにしっかり向きあってもらうためには，それに至るまでの問いを順番に用意しておくのが大切です．

（i）楽しく誰もが答えられ，体験や感覚に基づくことから　　まずは笑顔で

話すことで参加者の安心感がぐっと増します．早めの時間に参加者全員が口を開く機会を作ると，そのあとの和やかで楽しい雰囲気につながります．

　最初は誰もがすぐに答えをみつけられ，その答えを否定されることのない問いを用意すると笑顔で話ができるよいスタートになります．「好きな色」や「好きな食べ物」などの好きなものシリーズ，「自分を動物にたとえると」「自分をおでんの具にたとえると」などのたとえばシリーズ，「昨日の夕食は？」「最近見ているテレビ番組は？」などの直近の体験などは，どんな場面でも使える定番です．自分で定番の問いを決めておくのもよいと思います．その場の本題に引き寄せて「恐竜といって思いつくのは？」「夏休みの思い出といえば？」などテーマにちなんだ体験を問いにすると，よい導入になります．大切なのは，ある程度の幅のなかで誰もがすぐに答えを思いつくような，端的な問いを用意することです．

　答えを定型化できるような問いに全員が答えるようにすると，皆が平等にその場で発言できる雰囲気になります．

(ⅱ) 本質的で深く考える問いに答えやすく　　皆で楽しく会話をしてから話を進めると，ぐっと話しやすい雰囲気で本題に入ります．テーマは抽象的だったり賛否が分かれるような話題かもしれません．問われたら参加者はどう捉えるだろうかと考え，理解しやすい問いを用意しましょう．すぐに答えられないなら少し一人で考える時間をとったり，いきなりその問いの答えを聞くのではなく，問われた今どんなことを感じたかを聞いたりすると発言しやすくなります．すぐに意見がなくても，たいていの人に今の気持ちはあります．「なんとなくしっくりこない」と言われたら，どんなところに違和感があるのかを丁寧に聞いていけば疑問はほぐれていきますし，「〇〇という言葉がわからない」と言われたら，補足して説明をすることもできます．なかなか意見が出ないのは意見がないからではなく，どう言ったらいいのか戸惑っていることも多いのです．

　たくさんの意見を言ってほしい場面ではあらかじめ全体にルールを共有しておくとよいでしょう．「思いついたこと何を言ってもよく，批判は禁止」「全員の意見を聞きたいから発言は一回〇分まで」「『〇〇が△△して□□だ』と文章で言うこと」など，発言のハードルを下げ，皆が平等に言えるようなルールを作っておくのです．ルールは紙に書いて貼ったりホワイトボードなどに書き，

いつも見えるようにしておきましょう．もちろん，全員がルールどおりに発言してくれるとは限りませんが，「ルールが○○だから××しましょう」などルールを確認することで，皆に発言をうながすことができます．

（ⅲ）出た発言は見えるように 発言が出てきたら，見えるように書いておきましょう．ホワイトボードや黒板がなくても窓や壁に模造紙を貼れば皆で見ることができます．マーカーの太字を使い大きく書きましょう．このときに，書き手がうまくまとめようとせず，言ったことをできるだけそのまま書くようにします．言葉をまとめてしまうと発言者の意図とは違ってしまう可能性があるからです．長い発言はなかなか全部書けませんが，「今の発言は大切なことなので書いておきたいから，まとめてもらえませんか」と声をかけると発言者自らがまとめようとしてくれます．参加者それぞれにA4の紙にマーカーの太字で大きく意見を書いてもらい，貼り出してもよいでしょう．

話が進み終盤になったら「これまでにこんな話が出ていましたね」と書き出した意見を振り返ると頭の整理もでき，経過を確認することで結論への納得感も深まります．

プログラムを組み立てる

問いの順番を考え，そのときの空間デザインとグループサイズをイメージしたら，その場が終わったときに参加した人がどのようになってほしいのかを考えましょう．「○○を知ってほしい」「△△について考えてほしい」というのは実施する側の言葉なので，参加者の立場から見た言葉に変換するのです．「○○を知って身近になった」と思うのと，「○○を知って二度と関わりたくない」と思うのでは，ゴールは正反対になってしまいます．参加者にどのようになってほしいのかを考え，そこに向かう道筋をプログラムとして組み立てます．

一番シンプルな組み立ては，「つかみ・本体・まとめ」の三つのブロックで考えることです（図7.5）．

（ⅰ）つかみ 本体に入るまでの場を整え温める時間です．場の目指すもの（outcome），そこに至る道筋（agenda），場を共有するメンバーの役割（role），この場のお約束（rule）を全員で共有します．頭文字をとってOARR（オール）といわれます．この場にいる全員がオールを持って同じ舟に乗り込み，全員でゴールに向かって漕いでいく，それが参加型の場のイメージです．みんながオールを持てたら，今の気持ちや前提知識などを確認し，本題に向かっていく雰囲

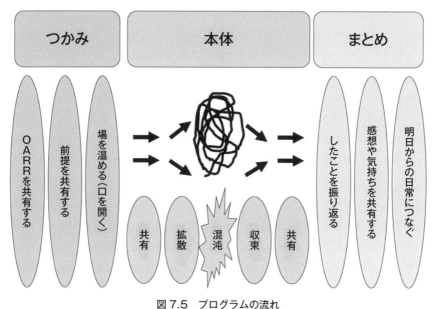

図 7.5 プログラムの流れ

気を高めます.

(ⅱ) **本体**　本題をしっかりと考え，知り，話す時間です．本体には四つのステージがあることを意識しましょう．

1) 共有のステージ：これから，何のために，何を，どのようにするのかを共有します．やり方のモデルを示したり，わからない人はいないか質問を受けたりしましょう．

2) 拡散のステージ：思いや考えをたくさん広げていきます．発言のルールを決めて，出てきたアイディアや意見はできるだけ書いて共有しましょう．

3) 収束のステージ：出た意見をまとめ，使える形に整えます．数を決めて絞ったり，いくつかつなげてまとめたりします．単純に多数決にせず，納得できるまとめとなるようじっくり時間をかけましょう．

4) 共有のステージ：この時間で何をしたか，何ができたかを振り返ります．皆が納得しているか，使えるものになっているかを確認しましょう．

　拡散のステージで思いや考えを十分に広げ出し切っていないと，収束しようとしてもまとまらなかったり，揺り戻しがあったりしがちです．また，拡散か

ら収束に移る途中で，沈黙して考え込んでしまう時間や，意見が錯綜しているように感じる時間があるかもしれませんが，これは，創造的な結果を生むための「混沌」の時間です．目指すゴールに向かっているのであれば，恐れずに必要なものとして混沌を楽しむくらいの気持ちでいましょう．

(ⅲ) まとめ この経験をこれから使えるように整理する時間になります．これまで何をしたのかを振り返り，それが各自の明日からの日常にどのように使えるのかを考える時間をとりましょう．感想などを言ってもいいでしょう．インフォメーションなどもこの時間に伝えます．本体の議論が白熱するとまとめの時間がなくなってしまいがちですが，まとめは議論を使えるものにする大切な時間ですから，きちんと時間をとりましょう．

7.2.5 よりよい場のために

　ワークショップの成功も失敗もすぐにはわかりません．とても盛り上がって楽しい時間となってもその問題は自分とは無関係と思ってしまったら成功とはいえないでしょうし，考え込んでしまう重苦しい時間を過ごしたとしてもその問題が心に深く残り，気にかけるようになったら失敗とは言えません．また，同じことをしても参加者が変われば結果も変わります．毎回そこにいる一人ひとりがやりやすく考えやすく話しやすくなるよう心を配るしかありません．

　その場にいる一人ひとりが，違う経験違う感情をもつ個人であることを意識し，それぞれが安心して安全にその場を楽しめるように，事前に想像力を目一杯広げて考えたいものです．入念な準備をし，本番では臨機応変に参加者にあわせ，準備した事柄にこだわらずに対応していけると理想的です．あくまで主役は参加者，ファシリテータは参加者がもてるチカラを発揮できるよう助ける役割であることを心にとどめ，正解のない場に臨んでいきましょう．

〈大枝奈美〉

科学者と参加者との対話をうながす

　私が所属するウィークエンド・カフェ・デ・サイエンス（WEcafe）は，「私たち市民自身が科学的なモノの見方や考え方を体得し，情報を鵜呑みにせず〈知的ツッコミ〉を入れられるようになること」を目標に，サイエンスカフェを中心としたイベントを開催する団体です．2009 年の活動開始以降，8 年間で 60 回近くサイエンスカフェを開催してきました．WEcafe のサイエンスカフェでは，ゲスト科学者と参加者の双方向の対話に重点をおいており，スタッフがファシリテータとして，その促進に努めています（図 7.6）．このコラムでは，WEcafe の活動からみえてきた，科学者と参加者との対話をうながす方法をご紹介します．

　科学者と参加者との対話をうながすためには，コミュニケーションを阻害する，二つのハードルを下げる必要があると考えています．一つ目は，参加者が，社会的な権威をもつ立場にあるゲスト科学者に対し委縮してしまい，双方向の対話が阻害される「心理的ハードル」です．このハードルを下げるためには，フラットで和やかな雰囲気作りが大切になります．そのため WEcafe では，勉強会ではなく，科学的な話題を取り上げたお茶会のようなイベントを目指し，ゲストのことを「○○さん」と呼ぶ，会場を下町のカフェにする，ゲストにカジュアルな服装で登壇していただくなどの工夫を取り入れています．

　また，ファシリテータが参加者の側に立つことも重要と考えています．事前準備をしているファシリテータはゲスト寄りのコメントをしがちですが，それでは参加者の心理的ハードルは上がってしまいます．参加者の素朴なコメントもまずは肯定的に受け止め，参加者と一緒になってゲストに問いかけたり，ときにはファシリテータが自

図 7.6　下町のカフェで開催された WEcafe のようす

ら初歩的な質問や懐疑的な質問を投げかけたりし，協調に終始しない対話の面白さを引き出します．

　二つ目は「知識のハードル」です．知識が少ないと，進行の仕方によっては，興味がわかない，理解が追いつかない，といった，対話以前の状況に陥ってしまう可能性があります．このハードルの対策として重視しているのが，知識量が少ない人でも興味の引くトピックや切り口を探すことです．「知りたい」という気持ちは，知識のハードルを越える原動力となります．魅力的な見せ方をするために，ゲスト研究者の一番の専門からは少し外れたテーマを前面に押し出すこともあります．

　一つ，例をご紹介します．以前，「微生物の出すシグナル分子の合成」を研究されている有機化学分野のゲストを招いたことがありました．ですが，「シグナル分子の合成」というキーワードにピンとくる参加者は多くありません．そこで，導入の話題を「微生物のコミュニケーション方法」として，タイトルも「微生物の言葉を探る」と見せ方を変え，有機化学になじみのない方も興味を引くようにしました．イベントの後半では，微生物の言葉（≒シグナル分子）の研究には有機合成が必要である，というところから，精密有機合成の難しさや，立体的な構造の重要性など，ゲストの一番の専門に関する内容も参加者と話しあいました．

　また，取り上げる話題を一，二点に絞ることも重要と考えています．科学の話をするさいには，どうしても前提知識が必要です．引き出しの多いゲストでも，あえて話題を絞ることで，必要な前提知識の共有を丁寧に行うことができ，結果的に一歩踏み込んだ内容まで話しあえるようになります．これ以外にも，「ゲストが話したキーワードを復唱する」「難しい概念を言い換える」「たとえを活用して理解を助ける」「定義があいまいなまま進めずに随時ゲストに質問する」など，知識のハードルを下げるテクニックは多くあります．WEcafe では，前述した話題の検討や必要な知識の確認と並行して，キーワードや理解が難しい概念などを洗い出しておき，当日ファシリテータがどのようにフォローするかをイメージトレーニングしています．

　WEcafe は，ゲスト研究と参加者の対話を重視しているため，双方の心理的な距離を近づけるための工夫を重ねこのようなスタイルになりました．イベントの目的によって，適切な方法は異なると思いますが，一つの事例として参考にしていただけると幸いです．

（古垣内彩）

7.3 継続的なサイエンスコミュニケーション活動を行うには

7.3.1 継続的サイエンスコミュニケーション活動の意義
サイエンスコミュニケーション活動の継続イメージ

　本節は，いざ立ち上げたさまざまなサイエンスコミュニケーション活動をいかに継続的に行っていくかがテーマです．では，活動の継続イメージとはどのようなものでしょうか．サイエンスコミュニケータ個人としては，好きなことや専門性を活かしたサイエンスコミュニケーション活動を，仕事（本業または副業）として担うのかまたはボランティアで続けるのか，1年後から3・5・10年後と中長期でそれぞれの選択肢に向きあってみると，さまざまな組合せや可能性が考えられるでしょう．一方，サイエンスコミュニケーション活動そのもの（プログラムや企画，情報発信ツールなど）の継続・発展イメージはどうでしょうか．活動者によってあるいは属する組織や予算源の都合でその活動の有無が左右されると考えられるケースもあるでしょう．これに対し，活動主体（法人・任意団体・グループ・個人など）の状況が変化しても「活動そのもの」は続いて発展していくこと，それがここで期待されている「継続的サイエンスコミュニケーション活動」だといえます．

　そこにはミッションとして，研究者・教育者・活動者などそれぞれの持ち場で形を変えながらも，サイエンスコミュニケータとしての知識，ノウハウや思いを活かした活動の継続可能性があるのです．サイエンスコミュニケーション活動を通じて提供したい価値や専門分野は各サイエンスコミュニケータで異なり，それぞれの人材の特性を活かした活動の動機づけと同時に，社会的に目指す成果の達成が求められています．

求められる成果と継続性

　それでは，なぜ，継続性が求められるのでしょうか．サイエンスコミュニケーション活動ではその予算源を補助金などの公的資金に頼って成立している活動も少なくないですが，これらの資金援助は，活動の社会的意義が認められてこそのものです．

　新たな活動には，その予算規模・資金源や形態にかかわらず「初期投資」が

かかるものです．運営体制，ルール作り，場所や協力者の確保，利用者への認知など，人間関係を築き活動基盤を整備しながらスタートし，それを継続してノウハウを蓄積するほどに，その運営効率は上がるケースがほとんどです．社会的ニーズがある前提において，健全な運営体制と成長の意欲とスキルがあれば，一般的に「費用対効果」は高まります．また，サイエンスコミュニケーション活動などの啓発活動においてはとくに，「知る」という種まきの段階から繰り返し積み重ねていくことで，対象者の意識のなかに浸透し，仕事や暮らしのなかで「自ら行動する」という出口の段階に至るなどの成果の向上も期待できます．さらには，そのなかから新たなリーダーが育って活動が広がるなど，単年度の目標達成だけでなく終了後にも，幅広く新たな対象者に影響を及ぼすという「波及効果」をともなう可能性も高まります．つまり，非効率な初期段階の活動に，限られた資金（税金や民間資金）をはじめ協力のための時間やマンパワーなどのさまざまな社会的資源（人・モノ・カネ・情報）を投じられた時点で，十分な成果，より高い費用対効果と波及効果を実現するために「継続性」が問われているという言い方もできます．関わるサイエンスコミュニケーション活動が全体の成果達成にどう影響するのかを見つめ直してみると，より大きな可能性やその継続の意義が見出せるでしょう．

　同時にもし，さまざまな資源を投じたにもかかわらず，その活動が社会で「十分に必要な活動ではない（または役割を終えた）」，あるいはその先の未来に描く「ビジョン（将来像）」やその実現のための「成果目標（数値・満足度・規模など）」と達成根拠が不明瞭で「存在意義を測りかねる」という場合には，中断してそれ以上資源を無駄にしないという決断もあります．最初から継続に自信をもてる活動ばかりではないなかで，大切なのは，そのサイエンスコミュニケーション活動の意義を協力者や第三者と一緒に検証しながら責任感と誠意をもって進めていくことです．一方で，継続への期待が高いほど，「社会や地域で必要とされている活動」であるといえます．国や関係機関もそのようなサイエンスコミュニケーション活動の成長に期待してサイエンスコミュニケータ養成を支援していると考えれば，「継続的サイエンスコミュニケーション活動」を目指すことは，サイエンスコミュニケータのステップアップのために不可欠なテーマといえるでしょう．

7.3.2 継続的活動とコミュニティビジネス
コミュニティビジネスの考え方

　社会的ニーズのあるサイエンスコミュニケーション活動を，その運営体制などの都合で一過性のものとして終わらせないためには，継続的活動に「社会全体で支えていく考え方やしくみ」を取り入れていく必要があります．ここでは，それを「地域」という単位で実践する方法論として「コミュニティビジネス(CB)」を取り上げます．

　CBとは「市民が主体となって，地域の課題をビジネスの手法を用いて解決する事業活動」のことです．近年，社会貢献への関心の高まりとともに注目されてきたソーシャルビジネス（SB，社会的企業）のなかでもとくに，地域に根ざして顔の見えるコミュニティを基盤とするCBには，地域資源を活用し地域を元気にする効果（地域づくり，経済効果，雇用創出，女性・若者・シニアの活躍推進など）が期待されています．これまでの官（行政）でも民（営利企業）でもない，官と民の中間的な存在（非営利型企業），あるいは「新たな公共の担い手」などといわれ，この十数年その支援策が推進されてきています．

　そこには，社会貢献活動をボランティアではなく「ビジネスの手法と多様な協働ネットワーク」のなかで事業基盤を作り，その「継続・発展」を目指すという考え方があります．ボランティアや特定の予算ありきまたは中心者の持ち出しで成り立つ活動は，後継者不足や補助金の打ち切りなどで，一旦活発化しても何年かで続けられなくなるというパターンに陥りやすい傾向にあります．福祉・教育・環境・観光・IT・キャリア開発など分野はさまざまですが，これまでの活動にCBの考え方を取り入れることで，活動の自立と継続・発展（事業化やステップアップ）を目指していこうとする地域活動者や支援者が多くなっています．

CB手法の導入とミッション共有

　一度ボランティア活動としてはじめた活動を，急に事業化するのは容易ではありません．もし地域でサイエンスコミュニケーション活動の事業化による継続を目指すなら，企画立案や仲間集めの段階から，たとえば「CBの考え方で，広く協働しながら，継続的活動を目指す」というように明確に方針を示すことで，そこに賛同する幅広い応援者・協力者獲得へつながります．方針を明確に

図 7.7　BABA ラボさいたま工房

して多様な主体と交流をしていけば，より具体的な連携に発展し，確実に活動のステップアップにつながるものです．

たとえば CB 事例として，「100 歳まで地域で自分らしく働ける職場 BABA ラボ（運営主体：シゴトラボ合同会社）」は，その名のとおり，おばあちゃんたちの集うコミュニティです．2011 年，高齢者が孫を世話するときに自ら使いたいと思う「『孫育てグッズ』を企画・製作・販売するブランド」と銘打ち，さいたま市内で立ち上げられました．一軒家を借り切って作った工房には，30 〜 80 代の 50 名程度の女性たちが，多世代で集い・学び・働き（図 7.7），以下のような特徴をもち活動を展開しています．

1）ボランティア活動ではなく有償で働き「仕事として，事業として」行うことに共感するメンバーが集まっている[*3]．
2）メンバーは，「多世代で協力して働く」「多世代に喜ばれる仕事をする」という共通認識のもとに，それぞれの特技やアイディアを出しあい活かす場となっている．
3）社会的には「高齢者と子育て世代にもやさしい地域の職場」というコンセプトのもと賛同を得られやすく，イベントやメディアでの情報発信や，さまざまな公的支援策の活用の機会に恵まれている．
4）CB として「地域や広域の多様なネットワークを活かしていく」という経営方針から，さまざまなコラボ企画や横展開が生まれている．

つまり，これらを実現できたポイントは，当団体が立ち上げ当初よりその「ミッション（使命・存在意義・経営理念）」と CB としての目的やコンセプト

[*3] 一部まかない等のボランティアあり．

を明示し，内部・外部への共有・情報発信に注力して活動を進めてきたことがあげられます．

多様な協働による事業基盤づくり

　CB に不可欠な「収入源の確保」には，地域資源（人・モノ・カネ・情報）と多様なネットワーク（市民・団体・企業・行政・専門家など）を活かし，生活者ならではの視点から「真のニーズ」を吸い上げ，それに応えていくことで事業基盤を確立するという考え方があります．

　前述の BABA ラボの商品・サービスの多くは，当事者ニーズ発で多セクターとの連携のもとに成立してきました．たとえば，メンバーの実体験から発案された「孫育て専用ほ乳瓶」は，埼玉県の支援も受け芝浦工業大学との協同開発で 5 年ほどかけてようやく販売にこぎつけました（2016 年国際ユニバーサルデザイン賞金賞受賞）．また，首のすわらない赤ちゃんの抱っこに便利な「抱っこふとん」は，高齢者が長時間抱っこしても疲れにくいという効果検証を目白大学の協力を得て行い，多世代に喜ばれる最初の主力商品となりました．さらに，多世代で遊べる「地図玩具（開発中）」には，埼玉大学の協力を得て脳科学実験を行い，印刷会社や専門家と協同開発も試みてきました．ここでは，事業の柱である「商品開発」を軸にさまざまなネットワークがつながっています．未経験の市民が中心となって各プロジェクトを発案し進めるため，さまざまな専門機関へ協力を求めることで，おのずと広がりが生まれています．

　そのプロセスは，学生インターン（専攻はさまざま），若手事業者やママ起業家のトライアルなど，教育・試行の場としても機能しています．「100 歳になっても自分らしく働き，いきいきと暮らしつづけられる社会」という共通ビジョンのもとに「孫育て」などの商品コンセプト（テーマ）が掲げられ，そこに賛同や関心をもつ専門性や立場の異なる多様な人材が集まって，おのずと産学官連携やサイエンスコミュニケーション活動（理解促進や技術活用）などの要素も含めたコラボレーションから「新しい価値」が生まれるというしくみが成り立っています．ここでも，一過性の人材活用だけではなく「成果物として商品そのものが社会の役に立ち，その販売が高齢者の仕事となる」という「出口（ミッション）の明示」により事業基盤づくりに成功しているといえるでしょう．

地域における CB 拠点の役割

　サイエンスコミュニケーション事業の「顧客」となる対象者を見ると，その

メインは「関心者・関係者」に偏っていることがわかります．ウェブサイトなどで広く市民に募集をしていることも多いですが，他分野同様，そもそもの関心や直接の誘いがなければそこにアクセスすることは少ないものです．「一般市民」などといわれますが，より幅広い人びととの接点をこれまで以上に増やすには，どのような方法が考えられるでしょうか．むしろ日頃はあまりそのテーマではあえてリーチしない新たな層に，そのすそ野を広げる方法が求められます．

地域でのサイエンスコミュニケーション活動では，博物館などの既存施設はもちろんですが，並行して他分野 CB の拠点（地域に根ざした市民が集う民設の活動場所）の活用も考えられるでしょう．多様な市民が暮らしのなかでふらっと立ち寄る場所であり，さらに人の「コミュニティ」があることで，さまざまな事業においてマーケティングの場となると同時に，「顧客ニーズに応じた口コミ」による集客や協力者獲得の場となっています．

たとえば，横浜市内の CB 事例「港南台タウンカフェ（運営主体：株式会社イータウン，商店会や NPO と連携して運営）」では，地元の女子高校生などでもふらっと立ち寄るおしゃれな「小箱ショップ（棚ごとに異なる出店者が独自の商品を販売する，この利用料がカフェの大きな収入源となっている）」で市民の手作り雑貨などを販売しながら，「まちづくり情報」を提供する地域の拠点となっています．ここでは，買い物やお茶を飲んでおしゃべりをしながら，何気なく地域の人，活動，情報に触れることができます．その結果，普段はまちづくりや地域活動とは縁遠かった若者が地域のイベントへの参画をするようになり，カフェで出会った人たちのなかからさまざまな企画が生まれるなど，地域を盛り上げる「きっかけづくりの場」となっています．駅前の一角に「カフェサロン」として存在することで，まちづくりや地域交流の敷居を大きく下げる成果につながっているのです．

このような「コミュニティカフェ」は，空き店舗活用や自宅改装など暮らしのなかの拠点として，全国に多く存在します．サイエンスカフェのような取り組みが，科学に限らずさまざまな分野やテーマで行われ，多様な交流や啓発の場になっています．地域でサイエンスコミュニケーション活動をはじめるには，まずはこのような先行団体（CB や CB 予備軍）を見つけ，連携する方法もあります．大切なのはさまざまな「コミュニティ」とつながり「顧客」の顔を見

て双方向コミュニケーションを行いつつ，より求められるサイエンスコミュニケーション事業を検討し組み立てていくことでしょう．

7.3.3 継続的マネジメントの4要素

実際にCBや継続的なサイエンスコミュニケーション活動を目指すさい，もっとも重要になるのがマネジメントのノウハウです．多くのサイエンスコミュニケータが経験するいかなる単年度の事業や単発の企画であっても，限られた資源をマネジメントし，より効率的・効果的な運営を目指す責任はあるものです．しかし，サイエンスコミュニケーション活動を「事業として継続」していこうとする場合には，さらに，目の前の事業をまわすばかりでなく，その事業体の基盤をしっかりと保っていくため，次年度だけでなくそれ以降の事業や収入源，人員体制についてまでもしっかりと責任感をもち（対外的にも継続が前提の活動になるため）準備を進めていく必要があります．ここに，たんなる「企画・運営」と「事業・経営」の違いが表れてきます．

事業化に求められるのが，「中長期の事業計画」です．CBには大切な4要素として，自己満足度，経済自立度，社会貢献度，地域連携度があげられます（図7.8）．目指すバランスを共有し，活動をいかにマネジメントできるかが成功のカギとなります．これを「継続的マネジメントの要素」として言い換えると，以下の四つとなります．

人と組織のマネジメント（体制と役割分担）

「人」とは，活動を支えるのに必要な人材の質的・量的確保，円滑にまわせる「運営体制」の整備です．その人材とは① 活動の主体者（とり仕切るリーダーとスタッフ），② 支援してくれる専門家・協力者，そして③ 提供する商品・サービスの利用者・応援者となってくれる顧客，の存在です．サイエンスコミュニケータは職業や立場により組織人または個人として活動を切り分けながら，場面によって①〜③のさまざまな関わりがあり得るでしょう．

継続的な活動のためには，個々に無理のない体制作りと，明確な役割分担が欠かせません．①の基盤となるスタッフについては，雇用，請負，有償ボランティア，インターンなどの形態で，個々の希望や状況と組織（活動主体）の要件にあわせ労務の義務なども担いながら体制を整えます．そして大切なのは，各待遇や分担に満足するだけの個々のモチベーション（図7.8 A「自己満足度」）

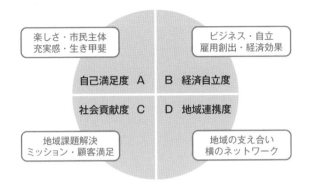

図 7.8　コミュニティビジネスの4要素
[『書き込んで作る自分だけの起業ノート』，p.19，コミュニティビジネスサポートセンター (2010)]

の維持です．活動内容の変化や発展段階に応じて②の外部スタッフとの分担バランスを調整しつつ，日々変化する個別の状況や活動スタンスを尊重し，臨機応変な体制作りが求められます．③の顧客についても，商品・サービスの利用者（受け手）にとどまらず，活動の主体者としても巻き込むという「利用者参画型」の運営ができれば，さらなる組織力となり，活動の大きな助けとなるでしょう．

　一方で，組織や活動として一貫したミッションと事業性を保つためには，必ずしも関わる全員の希望を叶えることはできません．まずは「核となる人材」の配置や「適性」に応じた役割分担を優先することも必要でしょう．定期的に一人ひとりに組織の目的や成果目標（継続・発展イメージ）を共有することで，たとえ希望の配置や分担でなくても，組織の方針に納得しそこに個々の活動目標や将来像との接点を見出してもらえれば理想的です．いかに仲間と「共通認識」をもちながら活動を動かしていけるかが成功のポイントといえます．

お金のマネジメント（収入源と運転資金）

　社会貢献型の事業では「社会に必要だけれどお金にはなりにくい」「困っている人からお金を取れない」など，B to C で対象の当事者からの売上だけですべてを賄うのは難しいというケースが少なくありません．しかし，事業化には，最低でも必要な活動資金（収入源と運転資金）の確保をし，全体で採算があう経営を目指すことが不可欠です．

また，特定の予算や単年度で不確実な収入源（補助金・助成金・単年度の委託事業など）に頼りすぎると経営は不安定になり継続も危ぶまれます．そこで，CB では五つの収入源として ① 自主事業，② 委託事業，③ 会費，④ 補助金・助成金，⑤ 寄付，を想定し，そのリスクを軽減します．立ち上げ初期の費用を補助金などに頼ることは一般的に少なくありませんが，「継続的・自立的な運営」のためには，ビジネスの柱として独自の事業収入（行政などからの下請けではない提案型の委託事業および自主事業）の割合を増やすことが求められます（図 7.8 B「経済自立度」）．とくに「普及・啓発」をメインとする活動では補助金などに依存しがちになりますが，広く共感を得る内容で「会費・寄付」などの収入を確保して応援者を巻き込みつつ，「独自の商品・サービス」を開発・考案することも期待されます．それにより，経営基盤の確立を目指すとともに，中長期ではさらなる専門性の向上やノウハウの蓄積による，新たな顧客や協力者，収入源の確保も期待できるでしょう．まずは，「収入の柱」を三つ以上想定し，段階的にどのような収入バランスを目指していくのか，「中長期の収支計画・資金計画」を立ててみましょう．

付加価値のマネジメント（社会貢献とニーズの把握）

　これらの「人とお金」の問題への対策は，いずれもなかなか計画どおりに進むものではないかもしれません．しかしそのリスクを軽減する助けとなるのが，欠かせない三つ目のポイントとなります．それは，活動の「付加価値＝魅力」を提供し続けることです．付加価値とは，独自性をもったほかにはない価値のことです．「社会貢献」という漠然とした価値に対し，さらにそこに「魅力ある活動や商品・サービス」が介在することで，顧客や協力者が納得して資源（人・モノ・カネ・情報）を提供しやすくなるのです（図 7.8 C「社会貢献度」）．

　サイエンスコミュニケーション活動ではたとえば，活動の担い手たちが心から楽しそうで「わくわく感」がある，自分もその活動に参加・協力することで充実感がありそうという印象は大切な要素となるでしょう．これは個人的に「科学が好き」という趣味的な楽しさとはむしろ逆で，「科学をいかに無関心者たちにも楽しく伝えられるか」あるいは「活動を社会に開いて，より異なる価値観や発想の人たちと出会いながらいかに進化させていけるか」といったチャレンジの喜びのことです．義務感で無理に持ち出しの活動を続けていると，相手にも偏った正義を押しつけ，さらには楽しさをも強要する印象で受け入れられ

にくくなったり，自らの喜びも半減する結果にもなるので注意しましょう．

そして個別の商品・サービスも，提供側の独りよがりではなく，受け手にとっての満足度のバランスが適度となる付加価値の設定が求められます．つまり，価格帯・品質・仕様・コンセプト（ユーザー利便性，社会貢献性，自己実現性など）などのバランスが，具体的に想定したターゲットとなる顧客や協力者のニーズとマッチして初めて，満足度が高くリピーターや口コミを得られる魅力的な内容となるのです．これらの視点をもったうえで，活動の理念や商品コンセプトをしっかりと定めて発信し，さらに現場で地域や時代のニーズを拾いそれを改善し続けていくことで，活動そのものが必要とされ続ける結果となるでしょう．

連携関係のマネジメント（面としての展開）

最後にこれらの要素を支えるのが幅広い「連携関係」の活用です（図7.8 D「地域連携度」）．地域には前述したとおり，既存CBや関連事業者のほかにも，多分野・多セクターのさまざまな連携先候補が存在します．単独では困難なことでも，互いに「接点」を見出しつつ「Win-Win」の協力関係により実現し，「面」として全体に向上していくイメージがもてれば理想的です．相互に提供し享受するもの，成果目標は何かを明確にして共有し，理解を得ることが大切です．

サイエンスコミュニケータになじみのある専門分野から一旦離れて「地域の課題・ニーズ」を捉えてみたり，単独で考えずに積極的に異分野の関係者と交流する機会をもつことで，思わぬ「発想の転換」や「新たな価値」を生むこともあるでしょう．まずは初めから候補を狭めずにアンテナを張り現場で情報収集を重ねながら，活動を地域や社会に開いて発信し続けることが大切です．たとえば行政相手では，サイエンスコミュニケーション活動とは一見関係のない商店街振興や高齢者支援などの部署でも，「空き店舗を活用して親子イベントを行なう」「リタイヤ前の専門知識を活かして科学イベントの指導者として養成する」といった接点を見つけることは可能です．

地域での展開には，何より人のつながりに欠かせない「信頼関係」を第一に考え，ミッション達成のために動く一貫した姿勢を示すことが大切です．これにより単体のサイエンスコミュニケーション活動が徐々に展開し，「地域への浸透，付加価値の向上，信頼獲得」などの成果を得ながら，既存の事業者や団体と連携して新たなCBにつながるケースも考えられます．

まずは，地域で必要とされる活動，人脈に支えられた活動基盤を作っていくことが「継続的サイエンスコミュニケーション活動」につながり，中長期的には広域でサイエンスコミュニケーション活動の社会的インパクトを高めることもできるでしょう．

7.3.4 サイエンスコミュニケーション活動の事業化とプラン作り

最後に，継続的なサイエンスコミュニケーション活動を目指す手はじめとして「事業計画書」を作成してみることをおすすめします．ここではCBプランの組み立て要素を用いて考えてみましょう．その第一に，地域や社会の「課題解決ありき」で組み立てていきます．まずは「① 地域」を定めて「② 地域課題・③ 地域資源」を洗い出し，そのニーズに応える「④ 商品・サービス案」を考えます．そこに「⑤ サイエンスコミュニケータ個人としての強み」との接点を見出して，地域に受け入れられそうな「⑥ サイエンスコミュニケーション活動（商品・サービス）」を考え，「⑦ 収入源」を複数想定してみてください．サイエンスコミュニケータ個人としての貢献要素と社会成果としてのミッションを併せて考えてみましょう．

仮にでも一旦計画書を作成してみることで，実現に必要な資源や不足する要素が整理できます．採算のあう収支計画や成果目標について中長期で考え，「継続・発展のビジョン」と段階的なステップアップのイメージを描くことで，目標に向けて焦らず，今やるべきことと向きあえるようになります．しかし，行動をはじめる前に現実的な「中長期の事業計画書」を完成できる人は稀です．第一歩としてまずは簡単にでも，上記の①〜⑦を盛り込んだ「ビジネスモデル図」を作成してビジュアルで示し，周囲の協力者や仲間へ相談することからはじめてみてはいかがでしょうか．独りで考えずにさまざまな専門家や支援機関の協力を求め，繰り返しブラッシュアップしていくことで，目指す「ビジョンとミッション」がより明確に見えてくるでしょう．

CBは，サイエンスコミュニケーション活動の社会化のため，まずは生活の舞台である「地域に開いていく」という一つの方法論であると同時に，その組み立て要素は，個々の活動の継続性やミッション達成度を見直しステップアップを目指すさいにとても有用な切り口といえます．みなさんの，活動の次のステップを考えるさいの参考とするとよいでしょう． （中森まどか）

◎ 引用文献 ◎

7.1
1) S.M. Stocklmayer, M.M. Gore, C. Bryant, eds., "Science Communication in Theory and Practice", Kluwer Academic Publishers(2001);佐々木勝浩ほか 訳,『サイエンス・コミュニケーション——科学を伝える人の理論と実践』,丸善プラネット(2003).
2) "科学系博物館におけるサイエンスコミュニケーション活動調査研究報告書——サイエンスコミュニケーション活動に関するアンケート調査", p.11, 日本サイエンスコミュニケーション協会(2015).
3) 千葉和義, 仲矢史雄, 真島秀行 編著,『サイエンスコミュニケーション——科学を伝える5つの技法』, p.213, 日本評論社(2007).
4) P.F. Drucker, "The Drucker Foundation Self-assessment Tool for Nonprofit Organizations", Jossey-Bass(1993);田中弥生 訳,『非営利組織の「自己評価手法」——参加型マネジメントへのワークブック』, ダイヤモンド社(1995).
5) 大堀 哲 編著,『博物館学教程』, p.123, 東京堂出版(2004).

サイエンスコミュニケーション活動を見直す

　ある機関や団体でさまざまなサイエンスコミュニケーション活動を行っている場合に，この活動全体を点検して，これからのサイエンスコミュニケーション活動を考えることが重要になってきます．それは，こうした活動が当初立てた目的どおりに行えているか，団体の活動理念とあっているかをチェックし，効果的なサイエンスコミュニケーション活動を実施するためです．

　たとえば博物館の場合，サイエンスコミュニケーション活動として数多くの来館者向けのプログラムを実施していますが，こうしたプログラムは対象や目的がさまざまで，館によって異なります．また，博物館のプログラムと一口に言っても，観察会や実験ショー，バックヤードツアーなど種類もさまざまです．対象や目的，種類が多様であることから，この組合せ方によってたくさんのプログラムが存在するのです．こうした状況のため，各博物館の当初の目的どおりにプログラムを行えているのかを見直すことが重要となります．

　そこで，国立科学博物館では，地域の博物館職員を対象にして，こうしたプログラム全体を点検するための研修会を行っています（図7.9）．

　この研修会では，ある地域のさまざまな博物館職員が集い，それぞれの館で実施しているプログラムを持ち寄って紹介しあうこと，個々のプログラムを共通の枠組み（目的や期間など）のなかに位置づけて，それぞれのプログラムの特徴について点検をします．

　研修会の流れはこのような形です．

① 自館で行っているプログラムについてまとめる（3～5イベント）．
　（名称，対象，目的，参加人数，事業費，場所，時間などの基本情報）
② 他館の方と班を組み，自館のプログラムを紹介する．
③ 班員全員のプログラム紹介が終わったら，目的ごとにプログラムを分ける（分類基準1の作成）．
④ 目的以外の分け方を班で考え，その基準を作る（分類基準2の作成）．たとえば，
　・期間（数十分，数時間，数日間，……）
　・形式（体験型，講義型，展示型，……）
　・手法（疑問提示型，内容陳述型，……）
　・対象（年齢，目的意識，……）
　・参加費（有料，無料，……）
　・定員（大人数，少人数，……）

| 図7.9 研修会のようす | 図7.10 まとめを模造紙に可視化 |

⑤ 二つの分類基準を用いて，表に位置づける．

　表が完成したら，まとめの時間です．プログラムの目的やそのほかの軸を使って，他館との比較をもとに，自館のプログラムの傾向を把握し，サイエンスコミュニケーション活動を以下のように分析的に見つめ直します（図7.10）．

・現在のプログラムが当初の目的を達成するのに十分な手段であるかどうかチェックする．
・自館で足りないプログラムがあるかどうかチェックする
・他館のプログラムを参考にして，新たな目的や対象をもったプログラムを作り出す．
・一つのプログラムを他の年代や対象向けにアレンジしたプログラムを作り出す．
・あるプログラムを終えた参加者が次に体験することを考え，連続性をもったサイエンスコミュニケーション活動を作り出す．
・今回一緒の班になった違う館と一緒に連携をすることで新しい活動ができないかどうかを考えてみる．

　この研修はおもに博物館の職員を対象に行っていますが，この分類の方法は，博物館に限らずさまざまな団体で行うことも可能です．また，一つの団体や機関のなかで行うこともできます．自分の担当する活動（プログラム）を書き出し，ほかの活動を担当している人と持ち寄って，分類基準を作り，まとめていくのです．
　サイエンスコミュニケーション活動をまとめ，表などに分類をすることで可視化し，分析的に点検をすることで，組織や団体の理念にあった活動かという評価や，今後の方向性を見つけ出すヒントが出てきます．本書をもとにサイエンスコミュニケーション活動の実践を積み重ねたときに，ぜひチャレンジしてみてください．　　　（小川達也）

サイエンスコミュニケーションの今後の方向性

社会と科学技術をつなぐためのサイエンスコミュニケーション活動は，時間的な差異はあるものの全国各地で活発に展開され，その量的拡大がはかられてきています．このサイエンスコミュニケーション活動において重要な役割を果たしているサイエンスコミュニケータとは，次のような人たちと理解されています．

- 科学博物館やプラネタリウムなどの職員
- 理科教育関係者（学校教育，社会教育），科学図書を扱う図書館司書
- 科学技術に関する行政機関，大学・研究機関・企業などの研究企画，広報，CSR担当者
- 科学技術に関するニュースなどを扱う報道関係者
- テレビ・ラジオ，インターネットなどの科学番組制作者,科学雑誌の編集者,ライター
- 地域での科学実験教室，自然観察会，サイエンス・ワークショップ，市民向け科学技術相談室，サイエンスカフェなどの活動を行う各種団体の関係者やボランティア

今後国民とともに科学技術を発展させていくためには，これらの領域の人材がその専門性を確立してサイエンスコミュニケータとしての職域を形成し，国民と研究者や政策担当者との橋渡しを行うことが求められます．コミュニケーションを促進する役割を担うサイエンスコミュニケータを養成し，確保を推進していくことが重要です．

サイエンスコミュニケーションの講座を開催している大学，博物館では，「伝える科学のコンテンツ重視」と「場をコーディネートする伝える技術重視」の二傾向があります．ここでいうサイエンスとは日本的な意味での「科学技術」のことであり,コミュニケーションには「異文化交流」という意味も含まれています．

東日本震災とその後の原発事故は，いろいろな意味でその後のサイエンスコミュニケーション活動に影響を与えています．文化としての科学には「社会的機能」は本来含んでいますので，サイエンスコミュニケータは，たんに「科学の楽しさを伝える」のみならず「社会的なテーマに関与する」必要が生じています．日本のサイエンスコミュニケーションは，現代社会と科学との関係のなかで，とくに地域のなかでどのような役割を果たすべきか，議論を深めていく時期にきているといえるでしょう．サイエンスコミュニケータへの期待は広がり，高まっています． （高安礼士）

知の循環型社会に向けて

　本書を読み終えたら，今度はあなた自身がサイエンスコミュニケーションを実践し，「活かす」番です．本書を手にした方が，社会のさまざまなところで，効果的で，すてきなサイエンスコミュニケーションを実践することを願っています．

1　サイエンスコミュニケーションは何のために

　本書では，「サイエンスコミュニケーションとは，個々人ひいては社会全体が，科学を活用することで豊かな生活を送るための知恵，関心，意欲，意見，理解，楽しみを身につけ，サイエンスリテラシーを高めあうことに寄与するコミュニケーションです」(p.1) と紹介しています．サイエンスコミュニケーションの目標はサイエンスリテラシーの向上といえます．

　サイエンスリテラシーとは，知ることに興味をもち，知識を社会生活に活用し，課題を解決しようとする論理的な考え方，批判的態度，他人と協働する社会性を含む総合的な資質能力をいいます．サイエンスリテラシーに関しては個人が身につけるべき知識に一定の到達点があるというイメージをもつ方が多いかと思いますが，私は時代と世代，取り巻く環境によって異なると思っています．「～できること」という行為の結果だけでなく，能力を獲得する過程を含む概念です．

　また個人のサイエンスリテラシーと集団や社会全体のサイエンスリテラシーを考える必要があります．サイエンスリテラシーは個人差があります．個人によって得意な分野もありますし，生活している環境に応じて求められるサイエンスリテラシーのレベルも異なります．個人の多様なサイエンスリテラシーをつなぐのがサイエンスコミュニケーションです．たとえば私たちはインフルエンザの流行に対し予防します．予防のために，基礎医学，病院，地域医療施策，予防教育，薬局や経験者からのアドバイスなどと，複数の専門家からの情報を入手し，その真偽を確かめ，リスクやメリットなどを勘案し，判断し，行動を

起こしています．そして個人の予防行動によってインフルエンザの流行をおさえることができます．このように個人のサイエンスリテラシーをつなぎ，高めあい，他人の科学的知識を活用し，社会全体のサイエンスリテラシーを醸成していくのがサイエンスコミュニケーションです．サイエンスコミュニケーションは，人びとが対話を通じて科学の知識を活用できるサイエンスリテラシーの向上を目指すための手段といえます．

2　つながる知を創造するサイエンスコミュニケーション

　多様な人びととのサイエンスリテラシーをつなぎ，高めあうことがサイエンスコミュニケーションですが，事業として展開するには，なんらかの枠組みと対象を設定し，戦略を立てる必要があります．本書のもととなっている『国立科学博物館サイエンスコミュニケータ養成実践講座』の開発にあたっては，比較的同じような傾向のサイエンスリテラシーをもつ集団を想定し，サイエンスコミュニケーションの対象範囲を検討しました．サイエンスコミュニケーションが実施される社会集団として，「科学コミュニティ」「一般の人びと」「政府・行政」「メディア」「企業」「教育機関」の六つの領域を定め，サイエンスコミュニケーションの範囲をその集団内およびそれらの集団のあいだで行われるコミュニケーションと想定しました（図1）．たとえば「科学コミュニティ」は，自分の専門領域に関してサイエンスリテラシーが比較的高い集団です．「メディア」は情報の受け取りと発信，加工に関してサイエンスリテラシーが比較的高い集団です．

　各集団は社会において一定の役割，機能，存在意義をもちます．「科学コミュニティ」は科学者の集団で，科学の営みが行われ，新たな知見を生み出す社会的集団です．ほかの社会的集団は基本的にその科学と技術の成果を享受し，共有し，活用しています．「一般の人びと」は科学と技術の成果を生活面や文化的側面で享受する社会的集団です．「教育機関」は文化として共有された科学的知識を，世代を越えて体系的に継承する社会的集団です．通常，一つの組織は多くの機能的側面をもち，個人も複数の属性を有し，多くの場合複数のコミュニティに所属することとなります．「科学コミュニティ」内にいる科学者も別の専門分野に関しては十分な知識と経験を有しているとは限りません．ある面で「一般の人びと」と同様な立場となることもあります．

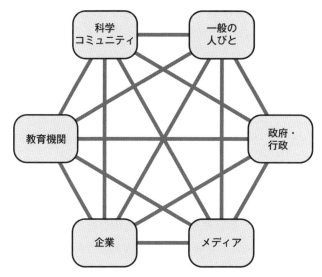

図1　サイエンスコミュニケーションが行われる場
［小川義和，亀井 修，"サイエンスコミュニケータに期待される資質能力──つながる
知の創造を目指して"，日本教育工学会研究報告集，JSET06-4, 62（2006）］

　従来，科学に関する課題については「科学コミュニティ」の内部において議論し，結論を出すことが多かったようです．現代社会においては価値をともなう判断があり，「科学コミュニティ」内部のみでは解決策が見出せないものも少なくありません．科学的な知見に基づき，社会のさまざまな集団との対話を通じて合意を形成していく方策が求められます．ここにサイエンスコミュニケーションの現代的意義があります．

3　知の循環型社会におけるサイエンスコミュニケーション

　2006年に改正された教育基本法では「生涯学習の理念」が明示されました．2008年の生涯学習審議会答申では「各個人が，自らのニーズに基づき学習した成果を社会に還元し，社会全体の持続的な教育力の向上に貢献するといった『知の循環型社会』を構築することは，持続可能な社会の基盤となり，その構築にも貢献するものと考えられる．」としています．これは，地域の課題に対し協働して解決していくために，個人が学習成果を社会に還元し，地域全体の

教育力を向上させる「知の循環型社会」の構築を目指しています．地域において知の循環型のシステムが機能するためには，サイエンスコミュニケーションのような双方向性の対話による知の還元が求められています．

第4章で紹介したとおり，サイエンスコミュニケーションは，科学の専門家から一般の人びとに対して知識を注ぎ込むといった「欠如モデル」に対して，専門家と一般の人びととの間で対話を通じて理解を深め，課題を解決するという「対話モデル」として確立してきました．これは専門家と一般の人びとのあいだの対話のように，科学と社会を相対する関係として捉え，両者をつなぐための機能と位置づけられています（図2の「欠如モデル」と「対話モデル」）．

一方，東日本大震災後，「科学的情報が欲しいところに届かない」「専門家からの科学的情報に対し，理解が進まない」「理解したところで，明日からどのように行動したらよいのかわからない」という状況があったのではないでしょうか．専門家と一般の人びとのあいだをつなぐだけでは課題の解決には至らな

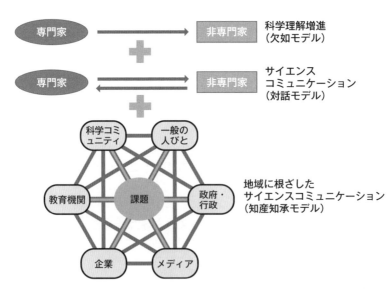

図2　これからのサイエンスコミュニケーション

[Y. Ogawa, et al., "The New Role of Museums in Encouraging Continuous Learning in the Contemporary Digital Age", CIMUSET, 24th ICOM General Conference Milano, Italy 3-9 July 2016 をもとに作成]

いことは明らかです．これからは，専門家と一般の人びとという二項対立の対話モデルだけではなく，課題に関係する多様な専門家集団が対話の場を構成し，地域社会に変革をもたらすような，課題のもつ複雑さと人びとの多様性を踏まえたモデルも想定する必要があります．地域の課題に対し，知恵を出しあい，解決していくために，たとえば博物館は科学コミュニティかつ教育機関として，地域にある知を掘り起こし，知を創造し，知を共有し，継承し，発信していく機能が重要です．この機能は，地域に根ざしたサイエンスコミュニケーションとして，人と人，世代をつなぐ新たなサイエンスコミュニケーションのネットワークモデル（図2の「知産知承モデル」）で発揮することができます．博物館を含め教育機関，研究機関，企業，NPOなどが対話を通じて，協働して課題に取り組むことで知の循環型社会への展望が見えてきます．

現代社会において科学と技術の成果は日常生活に不可欠になっています．私たちを魚にたとえれば，科学と技術は水のような存在です．普段は意識しませんが，流れが変わったり，干上がったりすると，その存在を改めて認識することになります．そのときにこそ，不断に展開しているサイエンスコミュニケーションの底力が試されます．サイエンスコミュニケーションに興味をもっている方，サイエンスコミュニケーションを実践しようと思っている方，サイエンスコミュニケーションの多様性に悩みつつ研究を展開しようと思っている方，サイエンスコミュニケータ，教員，研究者，学芸員を目指す方，はじめよう，サイエンスコミュニケーション！ （小川義和）

参考図書

サイエンスコミュニケーション全般

- J・H・フォーク，L・D・ディアーキング 著，高橋順一 訳，『博物館体験——学芸員のための視点』，雄山閣出版(1996).
- S・ストックルマイヤーほか 編著，佐々木勝浩ほか 訳，『サイエンス・コミュニケーション——科学を伝える人の理論と実践』，丸善プラネット(2003).
- 千葉和義，真島秀行，仲矢史雄 編著，『サイエンスコミュニケーション——科学を伝える5つの技法』，日本評論社(2007).
- 藤垣裕子，廣野喜幸 編，『科学コミュニケーション論』，東京大学出版会(2008).
- 石浦章一ほか，『社会人のための東大科学講座——科学技術インタープリター養成プログラム』，講談社(2008).
- 北海道大学科学技術コミュニケーター養成ユニット 編，『はじめよう！科学技術コミュニケーション』，ナカニシヤ出版(2008).
- G・E・ハイン 著，鷹野光行 監訳，『博物館で学ぶ』，同成社(2010).
- 岸田一隆，『科学コミュニケーション——理科の〈考え方〉をひらく』，平凡社新書，平凡社(2011).
- J・K・ギルバート，S・ストックルマイヤー 編著，小川義和ほか 監訳，『現代の事例から学ぶサイエンスコミュニケーション——科学技術と社会とのかかわり，その課題とジレンマ』，慶応義塾大学出版会(2015).

科学を「深める」

- 村上陽一郎，『科学者とは何か』，新潮選書，新潮社(1994).
- T・クーン 著，中山 茂 訳，『科学革命の構造』，みすず書房(1971).
- A・F・チャルマーズ 著，高田紀代志，佐野正博 訳，『改訂新版 科学論の展開』，恒星社厚生閣(2013).
- 金森 修，中島秀人，『科学論の現在』，勁草書房(2002).
- 古川 安，『科学の社会史』，南窓社(2001).
- M・M・ワールドロップ 著，田中三彦，遠山峻征 訳，『複雑系——科学革命の震源地・サンタフェ研究所の天才たち』，新潮文庫，新潮社(2000).
- 財団法人新技術振興渡辺記念会 編，『科学技術庁政策史——その成立と発展』，科学新聞社(2009).
- S・P・マーシャルほか 編，渡辺政隆 監訳，『科学力のためにできること——科学教育の危機を救ったレオン・レーダーマン』，近代科学社(2008).

科学を「伝える」

- 石田章洋，『企画は、ひと言。』，日本能率協会マネジメントセンター(2014)．
- 黒木登志夫，『知的文章とプレゼンテーション――日本語の場合，英語の場合』，中公新書，中央公論新社(2011)．
- 松岡正剛，『知の編集術――発想・思考を生み出す技法』，講談社現代新書，講談社(2000)．
- D・ブラムほか 著，渡辺政隆 監訳，『サイエンスライティング――科学を伝える技術』，地人書館(2013)．
- 渡辺政隆，『一粒の柿の種』，岩波書店(2008)．
- 斎藤美奈子，『文章読本さん江』，筑摩書房(2002)．

科学と社会を「つなぐ」

- P・F・ドラッカー 著，上田惇生 編訳，『マネジメント――基本と原則』，ダイヤモンド社(2001)．
- P・F・ドラッカー 著，上田惇生 訳，『非営利組織の経営』，ダイヤモンド社(2007)．
- 加藤昭吉，『計画の科学――どこでも使えるPERT・CPM』，講談社ブルーバックス，講談社(1965)．
- 柳沢滋，『PERTのはなし――効率よい日程の計画と管理』，日科技連(1985)．
- 岸本充生ほか，『基準値のからくり』，講談社ブルーバックス，講談社(2014)．
- 中野民夫ほか，『ファシリテーション――実践から学ぶスキルとこころ』，岩波書店(2009)．
- 永沢映，中森まどか，桑原静，『書き込んで作る自分だけの起業ノート 改訂版』，コミュニティビジネスサポートセンター(2016)．

編著者・執筆者紹介

編著者

小川義和（おがわ・よしかず）　国立科学博物館附属自然教育園長（兼）博物館等連携推進センター長．東京学芸大学大学院連合学校教育学研究科修了，博士（教育学）．国立科学博物館経営計画室長，学習課長等を経て現職．日本サイエンスコミュニケーション協会副会長．著書に『現代の事例から学ぶサイエンスコミュニケーション──科学技術と社会とのかかわり』（慶応義塾大学出版，監訳）など．　[はじめに，4章，終章]

高安礼士（たかやす・れいじ）　福岡市科学館プロジェクトアドバイザー．名古屋大学理学部物理学科卒業．千葉県立高等学校の教員を経て教育委員会行政に従事．その後，現代産業科学館，全国科学博物館振興財団，千葉市科学館を経て現職．日本ミュージアムマネージメント学会副会長，日本サイエンスコミュニケーション協会理事．著書に，『博物館学教程』（東京堂出版，共同執筆），『産業技術誌──科学・工学の歴史とリテラシー』（裳華房，共同執筆），『ミュージアム・マネージメント学事典』（学文社，編集委員長）など．　[7.1節，7章コラム]

執筆者　（五十音順）

縣 秀彦（あがた・ひでひこ）　自然科学研究機構 国立天文台 准教授／総合研究大学院大学 准教授．東京学芸大学大学院教育学研究科修了，教育学博士．国際天文学連合国際普及室長，日本文藝家協会会員．NHK高校講座「地学基礎」講師ほかテレビ・ラジオで活躍．おもな著書に『星の王子さまの天文ノート』（河出書房新社，監修），『地球外生命体は存在する！』（幻冬舎新書），『星空の見方がわかる本』（学研）ほか多数．　[2.1節]

井上智広（いのうえ・ともひろ）　日本放送協会 制作局 科学・環境番組部 チーフ・プロデューサー．東京大学大学院地球惑星物理学専攻修士課程修了．NHKスペシャル「宇宙の渚」「生命大躍進」「巨大危機・メガクライシス」「人体〜神秘の巨大ネットワーク〜」などを制作．　[6.2節]

江崎和音（えざき・かずね）　東京大学大学院理学研究科博士後期課程．大学院生出張授業プロジェクト（BAP）2015年度代表．国立科学博物館認定サイエンスコミュニケータ．　[1章コラム]

大枝奈美（おおえだ・なみ）　ファシリテーター．有限会社アトリエウェイブ代表取締役．図書館情報大学図書館情報学部卒業．2006年よりビーネイチャースクールファシリテーション講座講師．参加型のイベントや授業，講座などを多数実施している．　[7.2節]

小川達也（おがわ・たつや）　国立科学博物館 事業推進部学習課．東京大学大学院総合文化研究科修士課程修了．東京大学科学技術インタープリター第6期修了生．　[1.1節，7章コラム]

坂本 昇（さかもと・のぼる）　伊丹市昆虫館 副館長，伊丹市立生涯学習センター 副館長，伊丹市立図書館南分館 分館長．大阪教育大学大学院修士課程中退．伊丹市昆虫館で企画展や友の会立上げ，学校との連携事業等を担当．全日本博物館学会委員．　[3.1節]

神保宇嗣（じんぼ・うつぎ）　国立科学博物館 動物研究部．東京都立大学大学院理学研

究科博士課程修了，博士（理学）．東京大学総合文化研究科勤務を経て現職．おもな著書に『日本産蛾類標準図鑑』（学研教育出版，共著）など．昆虫分類学の研究を進めるとともに，ネットを活用した研究成果の普及にも努めている． ［1.2節］

高橋真理子（たかはし・まりこ） 朝日新聞 科学コーディネーター．東京大学理学部物理学科卒業．科学部次長，論説委員，科学エディター（部長），編集委員などを経て現職．著書に『最新子宮頸がん予防』（朝日新聞出版）『重力波発見！』（新潮選書）など．日本科学技術ジャーナリスト会議理事． ［3.2節］

千葉和義（ちば・かずよし） お茶の水女子大学大学院人間文化創成科学研究科 教授．東京工業大学大学院総合理工学研究科博士後期課程修了，理学博士．2005年からお茶の水女子大学 サイエンス & エデュケーション センター長． ［5.1節］

中森まどか（なかもり・まどか） NPO法人コミュニティビジネスサポートセンターアドバイザー（元理事・事務局長）．国家資格キャリアコンサルタント．BABAラボ顧問．環境省『事業型環境NPO・社会的企業マニュアル』（2011）改訂委員など．著書に『書き込んで作る自分だけの起業ノート』（コミュニティビジネスサポートセンター，共著）など． ［7.3節］

針谷亜希子（はりがや・あきこ） 福岡市科学館．東京農工大学大学院農学府修士課程修了．千葉市科学館勤務を経て現職．国立科学博物館認定サイエンスコミュニケータ．［3章コラム］

土屋博之（ひじや・ひろゆき） 旭硝子株式会社 商品開発研究所．東京理科大学大学院基礎工学研究科博士後期課程修了，博士（工学）．国立科学博物館認定サイエンスコミュニケータ． ［2.2.2項］

古垣内彩（ふるがいち・あや） ウィークエンド・カフェ・デ・サイエンス（WEcafe）スタッフ．麻布大学大学院獣医学研究科博士前期課程修了．国立科学博物館認定サイエンスコミュニケータ． ［7章コラム］

細矢 剛（ほそや・つよし） 国立科学博物館 植物研究部．筑波大学大学院博士課程中退．製薬会社の研究員を経て現職．おもな著書に『菌類のふしぎ』（東海大学出版部，責任編集），『カビ図鑑』（農村文化教育協会，共著）など． ［6.1節］

真鍋 真（まなべ・まこと） 国立科学博物館 標本資料センター・コレクションディレクター．英ブリストル大学理学部 Ph.D. 課程修了．Ph.D.『深読み！ 絵本「せいめいのれきし」』（岩波書店），『古生物学事典』（朝倉書店，共著），『進化学事典』（共立出版，共著）など編著，監修． ［5.2節］

蓑田裕美（みのだ・ひろみ） 株式会社資生堂．東京大学農学生命科学研究科修士課程修了．学生時代に一般財団法人武田計測先端知財団の協力のもとウィークエンド・カフェ・デ・サイエンス（WEcafe）事務局を設立し，毎月サイエンスカフェを開催している．国立科学博物館認定サイエンスコミュニケータ． ［2.2.1項］

渡辺政隆（わたなべ・まさたか） 筑波大学広報室 教授／サイエンスコミュニケーター．東京大学大学院農学系研究科博士課程単位取得満期退学．大学院在学中からサイエンスライターとして活躍．2002年より現職．『一粒の柿の種』（岩波書店）など，著訳書多数．［序章，6.3節］

編集事務局

国立科学博物館 事業推進部学習課

濱田浄人・岩崎誠司・小川達也・神島智美・茂田由起子　　　　（役職等は2017年8月現在）

索引

【欧文】

BSE　*2*

CB　*152*
CS　*131*
CSR　*35*

HST　*27*

NASA　*28*

OARR　*145*

PDCAサイクル　*128*
PERT法　*131, 133*
public relation（PR）　*25, 51*
public understanding of research
　　（PUR）　*26*
public understanding of science
　　（PUS）　*26*

STS　*4*
SSC　*27*

【和文】

●あ行

愛好家　*18*
アウトリーチ　*3, 26, 35*
　　国立天文台の――　*31*
アブダクション　*71*
アマチュア研究者　*18*
アメリカ航空宇宙局（NASA）　*25, 28*
アンケート　*136*

「活かす」　*67, 165*
伊丹市昆虫館　*41*
一般の人びと　*166*
意　図　*135*
異分野　*23*
医療用麻薬　*58*
インターネット　*15, 51, 102*
インフォグラフィック　*33, 58*

ウェブサイト　*15*
羽毛恐竜　*83, 86*
運　営　*134*
運営体制　*156*
運営方針　*131*
運営マニュアル　*134*
運営目標　*131*

映　像　*102*
　　――の話法　*109*
　　コメントバック――　*111*

「面白い」　*59, 70, 77, 78*
「親と子のたんけんひろば コンパス」　*11*
オール（OARR）　*145*
音　読　*120*

●か行

外界との媒介者　*11*
外形審査　*137*
改ざん　*74*
解説的教育理論　*69*
外部資金　*126, 127, 130*
科学活動助成事業　*130*
科学記事　*55*

索　引　175

科学技術基本計画　5
科学技術社会論（STS）　4
科学技術週間　2
科学技術振興推進費　28
科学技術立国　24
科学教育　130
科学研究費補助金（科研費）　28，76，127
科学コミュニティ　166
科学祭 ⇨ サイエンスフェスティバル
科学離れ　2
科学報道　54
科学リテラシー ⇨ サイエンスリテラシー
学芸員　40，49
拡　散　146
カスタマーサティスファクション（CS）　131
仮　説　71，73，75，104
課題解決　160
活動資金　157
観察法　135
感　情　108
ガント・チャート　132

企画書　128，131
企業研究者　35，37
記　者　29，54
記者会見　29，30，33
記者発表　29
技術広報　32
基礎研究　79，93
基礎知識　96
教育活動　42，43
教育普及　40
狂牛病（BSE）　2
競争的資金　28
興　味　110
共　有　146
恐　竜　78
　　──図鑑　82
　　──の色　83

羽毛──　83
　理科教育における──　88

空間デザイン　139
クリスマス・レクチャー　3
グールド　118
グループサイズ　142

経営資源　127
経済自立度　156
掲示板　17
継続性　150
啓　蒙　114
啓蒙主義　26
欠如モデル　26，69，168
研　究　35
　基礎──　79，93
研究開発　32
研究者　79
　アマチュア──　18
　企業──　35，37
検　証　105

講　演　96
構　成
　説明の──　97
　番組の──　104
構成主義　69
広　報　25，51
　──担当者　29
　技術──　32
公募事業　126
顧客満足（CS）　131
国立科学博物館　11
『国立科学博物館サイエンスコミュニケータ養成実践講座』　i
国立天文台　25
コーディネート能力　iii，64
コミュニケーション　i
　双方向の──　4，8，34
コミュニケーションツール　46

コミュニケーション能力　*iii*, 64
コミュニティ　19, 92, 155
　科学——　166
　地域——　45
コミュニティビジネス（CB）　152
コメントバック映像　111
コンセンサス会議　4
「コンパス」　11

●さ行

サイエンスアゴラ　5
サイエンスカフェ　7, 148
サイエンスコミュニケーション　*i*, 114
　——活動の点検　162
　——事業の顧客　154
　——の運用　126
　——の定義　1
　——の文脈　*ii*
　学生による——　23
　企業研究者にとっての——　37
　企業における——　35
　継続的——活動　150
　双方向の——　69
　ネット上の——　20
サイエンスコミュニケータ　64, 164
サイエンスフェスティバル　5, 62
サイエンスライター　117
サイエンスライティング　113, 116, 119
サイエンスリテラシー　1, 76, 114, 165
サマヴィル　118
参加　138

事業計画　156
事業計画書　160
事業の対象　43
事業の目的　43
刺激反応理論　69
自己満足度　156
試作　36
視聴者　111
質疑応答　82

実施計画　131
質問　85
質問紙法　136
視点移動　68
社会貢献　152, 158
社会貢献活動　152
社会貢献度　156
社会的資源　151
ジャーナリスト　50
ジャーナリズム　50, 51
収束　146
重要性　95
出張授業　23
情報　109, 112
新興分野人材養成　4

推敲　120
図鑑
　インターネット上の——　16
　恐竜——　82
ストーリー
　説明の——　98, 99
　番組の——　104, 113
ストーリーテリング　111, 116
スプートニクショック　2

正確性　34
成果目標　151
生産　36
宣伝　51
専門家　1, 82, 92
専門性　*iii*
専門用語　23, 92, 94, 112

相互作用　138
想像力　71
双方向のコミュニケーション　4, 8, 34
ソーシャルビジネス　152

●た行

体験　138

体験型展示　　12
対　話　　148
対話促進　　1
対話促進型展示　　12
対話モデル　　69，168
たとえ　　97，120

地　域　　152
地域資源　　154
地域社会　　43
地域づくり　　47
地域連携度　　156
知産知承モデル　　169
知の循環型社会　　167
「千葉市科学フェスタ」　　62
聴　衆　　98
超伝導超大型加速器（SSC）　　27

つかみ　　145
「伝える」　　67，93
「つなぐ」　　67，126

ティラノサウルス　　85
ディレクター　　103
データ　　58
テーマの設定　　130
寺田寅彦　　113，114
テレビ　　102

問　い　　143
読　者　　98
友の会　　44
トリケラトプス　　84

●な行
中谷宇吉郎　　115
「鳴く虫と郷町」　　45

ニーズ　　130，154，155，167
ニュース　　34，51

捏　造　　74
ネットワーク　　154

●は行
波及効果　　151
博物館　　40
　——資料　　49
　——の資源　　49
　地域に根ざした——　　49
博物館法　　40
バー・チャート　　132
発見学習論　　69
ハッブル宇宙望遠鏡（HST）　　27

東日本大震災　　7，112，164
非専門家　　1
ヒューエル　　118
ビュフォン　　116
評　価　　134
費用対効果　　151

ファシリテーション　　137
ファシリテータ　　34，148
ファラデー　　3
付加価値　　158
「深める」　　67，70
普及啓発活動　　2
福島第一原発事故　　55，60
プレスリリース　　29，33，55
プログラム　　145
文　化　　71，76，77，116，164
文章読本　　119
文章力　　119

報道機関　　51
報道の自由　　53
ボドマー・レポート　　2
ボランティア　　150

●ま行
マーケティング　　130，134

まとめ　*147*
マネジメント　*156*
マネジメント・サイクル　*128*
満足度　*134*

未就学児　*11*
「みんなで作る日本産蛾類図鑑」　*14*

メッセージ　*112*
メディア　*166*
　——別の報道特性　*34*
　映像——　*102*
面接調査法　*136*

モチベーション　*156*
モデル　*75*

●や行

予　算　*133*
予算獲得　*95*, *128*
予算執行計画　*131*
予備実験　*104*

●ら行

理解増進活動　*2*, *3*, *26*
リスク　*113*
リテラシー　*114*
リリース　*29*

連携関係　*159*

●わ行

わかりやすさ　*34*
ワークショップ　*137*

科学を伝え、社会とつなぐ
サイエンスコミュニケーションのはじめかた

平成 29 年 9 月 30 日　発　　　行
令和 7 年 2 月 20 日　第 7 刷発行

編　者　　独立行政法人　国立科学博物館

発行者　　池　田　和　博

発行所　　丸善出版株式会社
　　　　　〒101-0051　東京都千代田区神田神保町二丁目17番
　　　　　編集：電話 (03) 3512-3265／FAX (03) 3512-3272
　　　　　営業：電話 (03) 3512-3256／FAX (03) 3512-3270
　　　　　https://www.maruzen-publishing.co.jp

© National Museum of Nature and Science, 2017

組版印刷・富士美術印刷株式会社／製本・株式会社 松岳社
ISBN 978-4-621-30197-5　C 0040　　　　Printed in Japan

JCOPY 〈(一社)出版者著作権管理機構　委託出版物〉
本書の無断複写は著作権法上での例外を除き禁じられています。複写
される場合は，そのつど事前に，(一社)出版者著作権管理機構 (電話
03-5244-5088, FAX 03-5244-5089, e-mail: info@jcopy.or.jp) の許諾
を得てください。